初めてだけど、いっぱいやりたい！

Photoshop
よくばり入門

 senatsu 著

CC
対応

Windows
&Mac

Ps

インプレス

本書について

ご利用の前に必ずお読みください

▶ 本書は、2021年9月現在の情報をもとに「Adobe® Photoshop® 2021」の操作方法について解説しています。本書の発行後に「Adobe® Photoshop® 2021」や各ソフトウェアの機能や操作方法、画面などが変更された場合、本書の掲載内容通りに操作できなくなる可能性があります。本書発行後の情報については、弊社のWebページ（https://book.impress.co.jp/）などで可能な限りお知らせいたしますが、すべての情報の即時掲載および確実な解決をお約束することはできかねます。また本書の運用により生じる、直接的、または間接的な損害について、著者および弊社では一切の責任を負いかねます。あらかじめご理解、ご了承ください。

▶ 本書の内容に関するご質問については、該当するページや質問の内容をインプレスブックスのお問い合わせフォームより入力してください。電話やFAXなどのご質問には対応しておりません。なお、インプレスブックス（https://book.impress.co.jp/）では、本書を含めインプレスの出版物に関するサポート情報などを提供しております。そちらもご覧ください。

▶ 本書発行後に仕様が変更されたハードウェア、ソフトウェア、サービスの内容などに関するご質問にはお答えできない場合があります。該当書籍の奥付に記載されている初版発行日から3年が経過した場合、もしくは該当書籍で紹介している製品やサービスについて提供会社によるサポートが終了した場合は、ご質問にお答えしかねる場合があります。また、以下のご質問にはお答えできませんのでご了承ください。

● 書籍に掲載している手順以外のご質問
● ハードウェア、ソフトウェア、サービス自体の不具合に関するご質問

● 用語の使い方

本文中では、「Adobe® Photoshop® 2021」のことを「Photoshop」と記述しています。また、本文中で使用している用語は、基本的に実際の画面に表示される名称に則しています。

● 本書の前提

本書では、「Windows 10」に「Photoshop 2021」がインストールされているパソコンで、インターネットに常時接続されている環境を前提に画面を再現しています。そのほかの環境の場合、一部画面や操作が異なることがあります。

● 本書で使用する写真素材について

写真下にクレジット表記のないものは、CC0ライセンスの写真素材を使用しています。

はじめに

本当に使えるものだけを、美しい参考作品作りを通して、学べる1冊ができました。

Photoshopは、写真や画像を扱う編集ソフトウェアです。
みなさんが今あたりを見回して、目に入る商品などには何かしらの写真やグラフィックが含まれていると思います。そういったデザインが施されているものに、必ずといっていいほど用いられるソフトがPhotoshopです。手に取れる雑誌やお菓子のパッケージ、飲料水のラベルなどの印刷物から、SNSで流れてくる写真、YouTubeのサムネール、Web広告などのディスプレイの中に至るまで、Photoshopが活躍する場面は、多岐にわたります。

写真や画像編集だけでなく、グラフィック制作にも用いられるPhotoshopですが、みなさんにとって、画像編集の目的とはなんでしょう。

・写真をより魅力的にしたい
・理想のビジュアル作品を作りたい
・SNSの集客に活用したい
・商品の特性を明確に伝えたい
・広報活動に活かしたい
・新しいスキルを身につけたい
・SNSでたくさんいいねが欲しい

目的がはっきりしている人も、まだわからない人も、いるかもしれません。

Photoshopに興味があるけれど、どこから始めていいかわからない人や、Photoshopはある程度使えるけど、しっかり体系立てて基礎から学んだことがない、本書はそんな人に向けた構成になっています。

この本は、筆者の多数の企業広告製作に携わってきた視点と、作品作りをしている視点から、実際に使うシーンを想定して、「理解しておきたい基本の機能」から「基本機能を応用した早業」に至るまで、選りすぐりの内容で構成しています。なるべく効率よく、最後まで無理なく学べるように、簡単なレッスンからスタートして徐々にレベルアップできる内容になっています。また、楽しく取り組めるように、写真を愛するフォトグラファーのみなさんの協力を得て、素敵な写真をふんだんに揃えられたことも特長です。これから始める人が挫折しないように、徹底してわかりやすく、応用ができるように解説しているのもこだわった部分です。

本書ではみなさんがPhotoshopを理解し、さまざまな場面で活用できることをゴールとしています。本書を通して、みなさんの「作りたい・叶えたい」の手助けができることを、筆者・編集者一同、心より願っております。

2021年9月
senatsu

CONTENTS

CHAPTER 1
Photoshopを始めよう

CHAPTER 2
Photoshopの基本操作を覚える

CHAPTER 5

基本的な画像レタッチをマスターする ⋯⋯⋯⋯⋯⋯ 117

CHAPTER 6

Photoshopで自由に描画しよう ⋯⋯⋯⋯⋯⋯ 135

CHAPTER 7
風景をより印象的にするテクニック ·························· 163

CHAPTER 8
ポートレートの魅力を高めるテクニック ··············· 197

練習用ファイルについて

● 練習用ファイルのダウンロード

本書で使用する練習用ファイル、および特典ファイルは、以下のURLまたは各レッスンの冒頭に記載してあるURL（QRコード）からダウンロードできます。

※画面の指示に従って操作してください。
※ダウンロードには、無料の読者会員システム「CLUB Impress」への登録が必要となります。
※本特典の利用は、書籍をご購入いただいた方に限ります。

https://book.impress.co.jp/books/1120101127

本書が提供する練習用ファイル、および練習用ファイルに含まれる素材は、本書を利用してPhotoshopの操作を学習する目的においてのみ使用することができます。ただしCC0の素材についてはCC0の利用規約に基づきます。
次に掲げる行為は禁止します。

素材の再配布／公序良俗に反するコンテンツにおける使用／違法、虚偽、中傷を含むコンテンツにおける使用／その他著作権を侵害する行為／商用・非商用においての二次利用

● SNSの投稿について

SNSで本書に関する投稿をする際は「＃Photoshopよくばり入門」とハッシュタグをつけてください。クレジットの記載がある写真をSNSなどに投稿することは禁止します。

● 練習用ファイルのフォルダ構成

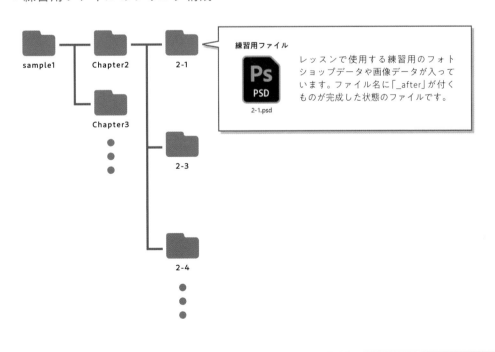

練習用ファイル

レッスンで使用する練習用のフォトショップデータや画像データが入っています。ファイル名に「_after」が付くものが完成した状態のファイルです。

本書の読み方

本書の内容はWindowsとMacの両方に対応していますが、解説内容はWindowsを基準としています。Macの場合はキー操作をする際、Ctrl を ⌘、Alt を option、Enter を return に置き換えてください。

ハッシュタグ
このレッスンで学ぶ内容やキーワードです。

レッスンタイトル
このレッスンでやることをひと言で表しています。

QRコード
このレッスンで使う練習用ファイルのダウンロードURLとQRコードです。解説動画も見ることができます。

練習用ファイル
このレッスンで使用するファイルの名前です。

このレッスンで学ぶこと
このレッスンの手順や使用する機能について説明します。

ここがPOINT
操作の注意点や、便利技を解説しています。

CHAPTER 3

LESSON 3

#切り抜きツール #ものさしツール

傾きを直して写真を整えよう

傾いてしまった写真の角度を直して、写真の見栄えを整える方法を解説します。

動画でもチェック!
https://dekiru.net/yps_303

練習用ファイル
3-3.psd

Before

After

Beforeの写真は水平方向の線が若干斜めに傾いています。一見するとわかりにくく細かい部分かもしれません。しかし細部を補正することで、写真の見栄えはぐっとよくなります。ここでは、ものさしツールを使って、写真の傾きの角度を計算して調整していきます。調整後に発生した余白はトリミングします。

 画像を水平にする

ものさしツールで、修正したいラインの角度を割り出して、[レイヤーの角度補正]で水平にします。

① 練習用ファイル「3-3.psd」を開きます。[スポイトツール]を長押しし❶、[ものさしツール]を選択します❷。

② 写真の中で、水平にしたい箇所をドラッグします。ここでは窓枠に沿って左から右にドラッグします❸。写真の上のドラッグした箇所が基準となる線として表示されます。

基準となる線

③ オプションバーにある、[レイヤーの角度補正]ボタンをクリックします❹。

ここがPOINT

ものさしツールとは?

ものさしツールはドラッグした区間の距離を測定したり、ドラッグして引いた線が画像の水平軸と垂直軸に対してどのくらい傾いているかを測定したりするツールです。傾斜の角度❶はオプションバーで確認できます。

本書は、紙面を追って読むだけでPhotoshopを使った画像編集をとことん楽しめるように構成されています。
はじめてでも迷わず操作でき、経験者でも納得のきめ細かな解説が特徴です。

操作解説
実際の画面でどのように操作するか、ステップごとに解説しています。
各手順ごとに操作目的がひと目でわかる見出しをつけています。

アドバイス
著者によるワンポイントアドバイス
や豆知識です。

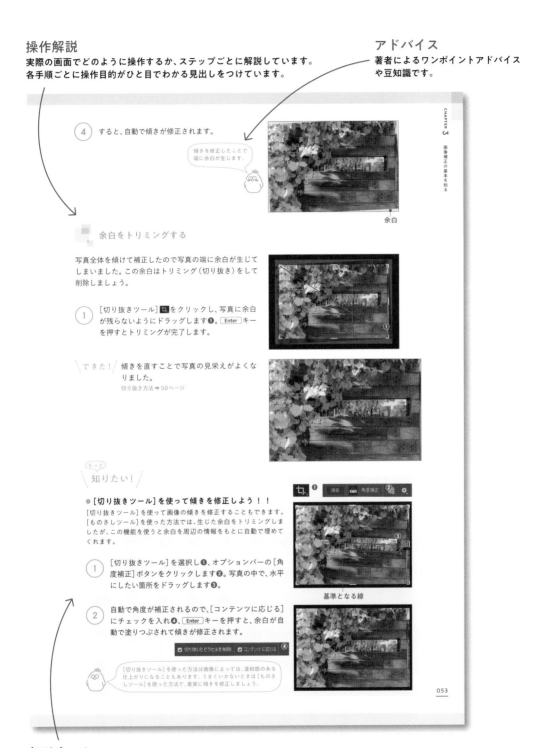

④ すると、自動で傾きが修正されます。

傾きを修正したことで
端に余白が生じます。

余白

余白をトリミングする

写真全体を傾けて補正したので写真の端に余白が生じて
しまいました。この余白はトリミング（切り抜き）をして
削除しましょう。

① ［切り抜きツール］をクリックし、写真に余白
が残らないようにドラッグします❶。Enter キー
を押すとトリミングが完了します。

できた！ 傾きを直すことで写真の見栄えがよくな
りました。
切り抜き方法 ➡ 50ページ

もっと
知りたい！

● ［切り抜きツール］を使って傾きを修正しよう！！
［切り抜きツール］を使って画像の傾きを修正することもできます。
［ものさしツール］を使った方法では、生じた余白をトリミングしま
したが、この機能を使うと余白を周辺の情報をもとに自動で埋めて
くれます。

① ［切り抜きツール］を選択し❶、オプションバーの［角
度補正］ボタンをクリックします❷。写真の中で、水平
にしたい箇所をドラッグします❸。

基準となる線

② 自動で角度が補正されるので、［コンテンツに応じる］
にチェックを入れ❹、Enter キーを押すと、余白が自
動で塗りつぶされて傾きが修正されます。

［切り抜きツール］を使った方法は画像によっては、違和感のある
仕上がりになることもあります。うまくいかないときは［ものさ
しツール］を使った方法で、着実に傾きを修正しましょう。

053

知りたい！
もっと知りたい！
「知りたい！」では操作に入る前に知っておきたい知識や情報を
紹介。「もっと知りたい！」ではレッスンで学んだことのステップ
アップにつながる知識やノウハウを紹介しています。

本書の構成

本書は1〜10つの章で基礎から応用、発展まで学べるように構成されています。

基礎

Photoshopでできることを知る
Photoshopとはどういうツールなのか、
どういうことができるのかを解説します。

Photoshopの基本操作を学ぶ
Photoshopの基本操作や、選択範囲の作り方、
簡単な加工方法などについて解説します。

応用

シーン別のレタッチテクニックを学ぶ
風景、ポートレート、食べものなどシーン別に写真がよりよくなる
レタッチテクニックを紹介します。

発展

美しいグラフィック作品を作る
これまでの章で学んだテクニックを活用して、
グラフィック作品を作っていきます。

Photoshopの知識をさらに深める
プラグインの紹介やショートカット一覧などPhotoshopを使ううえで
役立つ知識が身につきます。

CHAPTER 1

Photoshopを始めよう

画像編集ソフトPhotoshopとは
どんなツールで、どんなことができるのか。
まずはPhotoshopを知ることから
始めましょう。

#Photoshopの概要

Photoshopとは？

Photoshopは写真の加工やイラスト制作など画像編集ができるソフトウェアです。SNSで写真を投稿することが日常的になった今、Photoshopを使うシーンはますます増えています。

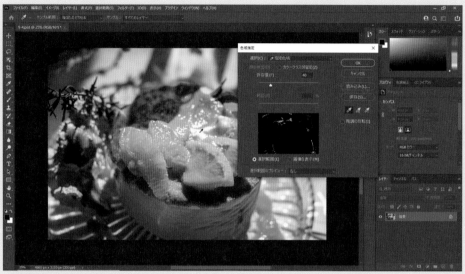

Adobe Photoshop 2021 (バージョン22.4.3) の操作画面

多くの人に愛され続けるPhotoshop

PhotoshopはAdobe社の画像編集ソフトウェア製品です。
写真の補正や加工を得意とし、さらにイラストの制作やWebなどのデザインツールとしても、多くの人に愛用されています。1990年に最初のバージョンが発売されてから今日に至るまで、プロフェッショナルかアマチュアを問わず、人々のクリエイティブな活動を支え続けてきました。現在は月額利用料を払うことで、常に最新の機能を使えるサブスクリプションという形態で提供されています（もしまだPhotoshopを使っていない場合は、Adobeのサイトからサブスクリプションを購入してから始めましょう）。最近では、AIを活用した自動機能が充実しており、手作業では時間がかかる補正やレタッチが簡単に行えるようになっています。時代のニーズを積極的に取り入れるPhotoshopは、今まさに進化中なのです。

日常で見かける Photoshop の活躍シーン

私たちの身のまわりは、写真やグラフィックデザインで溢れています。アプリアイコンやスタンプ、Webページや雑誌、広告、ゲーム、SNSの投稿、商品パッケージなどなど、写真やグラフィックデザインがなければ成立しないものばかりでしょう。そして、これらの制作物の多くはPhotoshopを使って作られています。Photoshopを使えば、写真の見栄えをアップしたり、空想的な世界を描いたりと、さまざまな表現が行えるのです。スマートフォンやデジカメで誰もが気軽に写真を撮影して投稿できる今、Photoshopを活用するシーンもユーザーもますます増えています。

#Photoshopの概要

LESSON 2

Photoshopでできること

Photoshopでできることは多岐にわたります。ここでは本書で学ぶ内容をざっと眺めていきましょう。

 色調補正

写真の明るさやコントラスト、色味を調整できます。狙った色や明るさに撮れなかった写真を整えるだけでなく、補正によってより印象的な写真に仕上げることもできます。

Before

After

補正によって、下のラズベリーがくっきりと浮かび上がり、全体的に細部までよく見えるようになった

 マスクする

写真の不要な部分をマスクして（隠して）、必要な部分だけを表示して切り抜いたように見せることができます。髪の毛や動物の毛並みなどもきれいにマスクできます。

Before

After

細かな犬の毛並みを、ふわっとした質感を残したままマスクすることができる

 写真に効果を足す

Photoshopにはさまざまなフィルターが搭載されており、特殊効果で発光させたり、背景をぼかして一眼レフで撮影したようにしたり、目的に合わせた効果を加えることができます。

Before

After

背景だけをぼかして手前の車を際立たせた例

写真の切り抜きと構図修正

写真を指定した縦横比で切り抜いたり、回転したりできます。写真の内容によっては、
写っていない範囲を合成して作り出すことも可能です。

Before

After

中央に位置していた
木の実を右1/3の位
置に移動して、より印
象が強くなる構図に
切り抜いた例

 ## 写真の合成

複数の写真を合成できます。コラージュ作品を作ったり、幻想的な世界を表現したりで
きます。

Before

After

廃墟の写真と水中の写真を合成して、廃墟を水で満たしたよう
な写真にする

Before

After

人物の写真と渓谷の写真を合成して、多重露光の写真をデ
ジタルで再現する

写真の不要なものを削除

写真に写りこんでしまった不要なものも簡単に消すことができます。ちょっとしたほこりやゴミだけでなく、人や建物など、さまざまなものを自然に消すことができます。

Before

After

背景の青空を使って空を飛ぶ鳥を消した例

デザインの作成

Photoshopは写真の加工以外にも、文字の挿入や図形の作成、ブラシを使ったイラスト制作などもできます。それらを組み合わせてポスターやポストカードなど販促物を制作することもできます。

招待状

YouTubeのサムネール

Webバナー

ブラシを使った描画

● Adobe Illustratorとの違い

Adobe Photoshopと同じグラフィック系のデザインツールとしてよく使われるのが、Adobe Illustratorです。Photoshopが写真の補正や加工を得意とするのに対して、Illustratorはロゴ制作や線のくっきりしたイラスト制作などが得意です。データにも違いがあり、Photoshopはピクセルの集まりでできた「ビットマップ画像」、Illustratorは数値化された点や線を元に画像を描画する「ベクトル画像」を主に扱います。この2つのソフトは併用することも多く、Photoshopで加工した写真をIllustrator上に配置してチラシなどの印刷物を作ったり、Illustratorで作ったロゴをPhotoshopで編集した画像と組み合わせてバナーを作ったりできます。

ビットマップ画像

拡大するとぼやける

ベクトル画像

拡大してもなめらか

Photoshopの進化と広がり

この章で述べたようにPhotoshopは画像編集のソフトの中でも長い歴史を持っています。その時代その時代で新しく実装される機能も変わり、最近のPhotoshopは、スマホの画像編集アプリの利便性に追いつこうとしている印象を受けます。

スマホのアプリはスワイプでフィルターを選ぶだけで誰でも簡単に色味を調整できたり、顔のレタッチをリアルタイムで行ってくれたりします。
Photoshopもボタンを1つクリックするだけで自動でAIが処理してくれる機能がどんどん増えてきています。

中でも切り抜き機能の進化は目覚ましいものがあります。動物の毛や境界線があいまいなものでも自動処理で簡単に切り抜けるようになりました。
面倒な操作はPhotoshopが自動でしてくれるので、私たち人間がデザインを考えるなどのクリエイティブな作業に、より集中できるようになってきているのは、とてもすばらしいことだと思います。

一昔前までは、写真の加工はレタッチャー、デザインはデザイナーと、クリエイターがそれぞれ分業をしていました。しかし、Photoshopの進化により、それらの垣根を越えて、クリエイターは自分の強みを伸ばしながら、より広い業務を行えるようになりました。

これからはクリエイターだけでなく、店舗経営者や営業、広報担当者など、より幅広い業種・職種の人たちにもPhotoshopが浸透していくことでしょう。そうなったときに自信をもってPhotoshopを扱うためにも、本書で楽しく学んでいきましょう。

Photoshopに搭載された自動機能の例

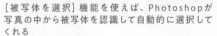

［被写体を選択］機能を使えば、Photoshopが
写真の中から被写体を認識して自動的に選択して
くれる

CHAPTER 2

Photoshopの
基本操作を覚える

この章ではPhotoshopを使った写真の編集を実際に体験していきます。
起動から写真に加工を施して保存するまでの一連の流れを通して
Photoshopの基本操作を学びましょう。

#Photoshopの起動 #画像を開く

Photoshopを起動して画像を開こう

ここからはPhotoshopで画像編集を体験していきます。まずは起動の仕方と画像ファイルの開き方を覚えましょう。

動画でもチェック！

https://dekiru.net/yps_201

練習用ファイル
2-1.psd

Photoshopを起動する

1 ［スタート］メニュー ⊞ をクリックして❶、アプリの一覧から［Adobe Photoshop 2021］をクリックします❷。

ここがPOINT

Macで起動するには

shift + ⌘ + A キーを押して［アプリケーション］フォルダーを開き、［Adobe Photoshop 2021］フォルダー内の［Adobe Photoshop 2021］をダブルクリックします❶。

---

2 Photoshopが起動し、起動画面が表示されます。

起動画面の画像は、アップデートするたびに変わります。

画像を開く

Photoshopを起動するとホーム画面が表示されます。この画面では、既存の画像ファイルを開けるほか、新規ファイルの作成やチュートリアル動画の開始ができます。ここでは既存の画像を開いてみましょう。

(1) [ファイル]メニューの[開く]をクリックします❶。

ホーム画面

[開く]のショートカットキーは Ctrl（⌘）+ O キーです。

─ ここがPOINT ─

画像ファイルを開く方法はほかにもある

画像ファイルはホーム画面の[開く]ボタンをクリックするか、ホーム画面に画像ファイルをドラッグ＆ドロップすることでも開けます。ホーム画面の機能はバージョンによって異なりますが、[ファイル]メニューから開く方法は変わらないので、まずはメニューから開く方法を覚えましょう。

(2) [開く]ダイアログボックスで練習用ファイル「2-1.psd」を選択し❶、[開く]ボタンをクリックします❷。

\できた!/ 画像を開くことができました。

はじめての起動時には、[開く]をクリックすると[クラウド
ドキュメント]ダイアログボックスが表示されます。表示さ
れた場合は、下記の「ここがPOINT」をチェックしましょう。

拡張子を表示する

Photoshopで編集を始める前にファイル名に拡張子を表示する設定をしておきましょう。「拡張子」は、ファイルの種類とそのファイルが開けるアプリケーションを示す記号で、ファイル名の末尾に「.(ピリオド)」と英数字で表示されます。このレッスンはファイルの種類をPhotoshopにしたことで「.psd」と表示されました。拡張子が非表示になっている場合は、エクスプローラーを開き[表示]タブをクリックし❶、[ファイル名拡張子]にチェックを入れます❷。

Macでは[Finder]メニュー→[環境設定]→[詳細]を開き、[すべてのファイル名拡張子を表示]にチェックを入れることで表示できます。

ここがPOINT

[クラウドドキュメント]ダイアログボックスが表示される場合は

[開く]ボタンをクリックしたときに[クラウドドキュメント]ダイアログボックスが表示される場合は、左下の[コンピューター]をクリックすると❶、PC内のファイルにアクセスできます。なお、[クラウドドキュメント]ダイアログボックスからは、クラウドに保存したファイルが開けます。Photoshopでは、ファイルをクラウドに保存することで、デスクトップPCやノートPCなど複数のデバイスのPhotoshopから同じファイルにアクセスして作業できます。

ホーム画面を非表示にするには

[編集] メニュー（Macでは [Photoshop] メニュー）の [環境設定] ダイアログボックスの [一般] ❶ で [ホーム画面を自動表示] のチェックをはずし❷、[OK] ボタンをクリックすると❸、ホーム画面を非表示にできます。再表示させるには、ここにチェックを入れて [OK] ボタンをクリックします。

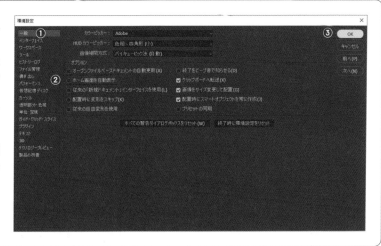

もっと

知りたい！

● 新規ドキュメントを作成するには

イラストを描いたりロゴをデザインしたりするなど、既存の画像を開くのではなく新規にドキュメントを作成したい場合は、[ファイル] メニューから [新規] をクリックします❶（ホーム画面で [新規作成] ボタンをクリックしてもOKです）。[新規ドキュメント] ダイアログボックスが開くので、[幅] [高さ] [解像度] [カラーモード] などを設定して❷、[作成] ボタンをクリックすると❸、新しい画像ファイルが開きます。ダイアログボックス上部の [写真] [印刷] [アートとイラスト] [Web] などのタブをクリックし、各ドキュメントの種類に応じたプリセットから選ぶこともできます。

[新規ドキュメント] ダイアログボックス

新規作成のショートカット

Ctrl（⌘）+ N キーを押すと新規ドキュメントを作成できます。

第2章はレッスン1〜7まで内容がつながった構成になっています。このレッスンで開いた「2-1.psd」ファイルをそのまま次のレッスンに引き継いで使用できます。途中のレッスンから始めたい場合は、各レッスンの練習用ファイルを開きましょう。

CHAPTER 2

LESSON 2

#ワークスペース

Photoshopの編集画面を
理解しよう

Photoshopで画像編集を行う画面を「ワークスペース」といいます。ここでは、ワークスペースの各部の名称や主な機能を説明します。

※ 番号は、以降の説明文に対応

❶ メニューバー

Photoshopを操作するためのさまざまな編集機能が、メニューとしてジャンル分けされて格納されています。メニュー名をクリックすると、そのメニューに含まれる機能の一覧が表示されるので、使いたい機能をクリックします。機能名の右側に「...」があるものは、クリックするとダイアログボックスが表示されます。「▶」がついているものは、サブメニューがあることを表しています。

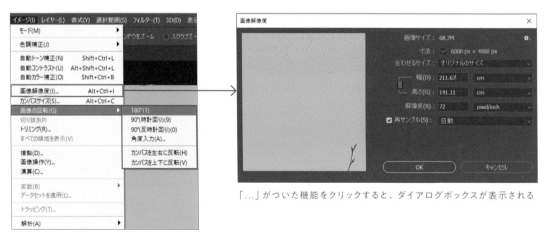

「▶」がついた機能にはサブメニューがある

「...」がついた機能をクリックすると、ダイアログボックスが表示される

❷ ツールパネル

編集や選択など、画像を直接操作するためのツール（道具）が一式収められています。アイコンの絵柄で選べるため、道具箱からツールを持ち替えるように直感的な操作が可能になります。「ツールバー」ということもあります。ツールアイコンの右下に小さな三角形がついているものは、長押し（クリックしたまま）すると、さらに関連したツールが表示されます。

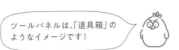

ツールパネルは、「道具箱」のようなイメージです！

右下に小さな三角形がついているツールは、長押しすると複数のツールが現れる

❸ オプションバー

選択中のツールの設定項目を変更できます。内容は選択するツールによって変わります。

❹ ドキュメントウィンドウ

開いた画像や作成したドキュメントが表示されるエリアです。ウィンドウの左上部にはファイル名が表示されたタブがついてます。複数のファイルを開いたときは、タブをクリックすることで表示を切り替えられます。

❺ カンバス

画像の編集が可能なエリアです。書き出しや印刷ができるのはこのエリアのみになります。

❻ パネルドック

画像編集や描画に関するさまざまな調整や数値の設定・確認ができる小さなウィンドウが「パネル」です。パネルが集まる場所は「パネルドック」と呼ばれており、関連する機能が集められています。初期設定ではパネルはタブが並ぶ形で重なっているので、使いたいパネルのタブをクリックして表示させます。使いたいパネルが表示されていないときは、[ウィンドウ]メニューから探して表示することができます。パネルは、タブをドラッグすることでパネルドックから切り離し、画面上の好きな場所に移動できます。使い終わったらドックに戻しておくと画面がすっきりした状態で作業できます。

タブをクリックしてパネルを切り替える

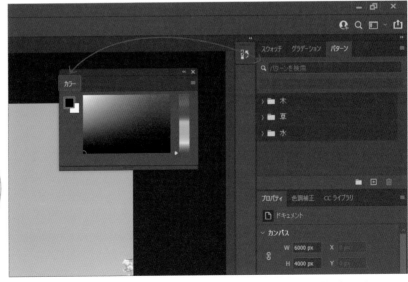

[パネルドック]は、「机の引き出し」のようなイメージです！

パネルはタブをドラッグしてパネルドックから切り離したり、パネルドックに戻したりできる

#拡大・縮小 #ズームツール #手のひらツール

画像の表示を拡大して 位置を移動しよう

動画でも チェック！

https://dekiru.net/ yps_203

画像を拡大表示することで、細かな部分まで確認しながら作業を進められます。表示を拡大・縮小する方法と、画面の位置を移動する方法について学びましょう。

練習用ファイル
2-3.psd

Before

After

［ズームツール］を使うと、画像の表示サイズを変えられます。画像を拡大後に［手のひらツール］で画像を移動し、作業したい部分を表示させましょう。

画像の表示を拡大・縮小する

画像を拡大・縮小するには、［ズームツール］を使います。［ズームツール］を選択して画像をクリックするごとに、クリックした部分が段階的に拡大・縮小します。ここでは例として鳥を拡大してみましょう。

① 練習用ファイル「2-3.psd」を開きます。［ツール］パネルで［ズームツール］をクリックします❶。虫眼鏡アイコンがプラス🔍（ズームイン）になっていることを確認し、画面の鳥の左横をクリックします❷。

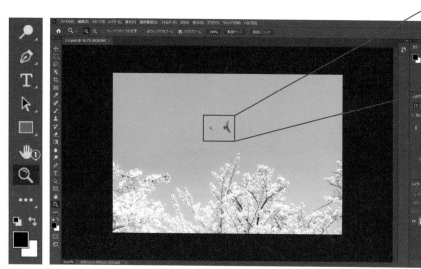

② クリックするごとに拡大します。ここではさらに4回クリックしましょう。ファイル名のタブ❸またはドキュメントウィンドウの左下❹で、表示率が大きくなったことを確認します。

2-3.psd @ 100% (RGB/8#) ❸

100% ❹

> ドキュメントウィンドウの左下の数値をダブルクリックし、任意の数字を入力して Enter （ return ）キーを押すと、その数値の倍率で画像を表示できます。

③ 表示を少し縮小してみましょう。プラス（ズームイン）の［ズームツール］を選択したまま、 Alt （ option ）キーを押して一時的にマイナス（ズームアウト） Q に変え❺、鳥の左横をクリックします。

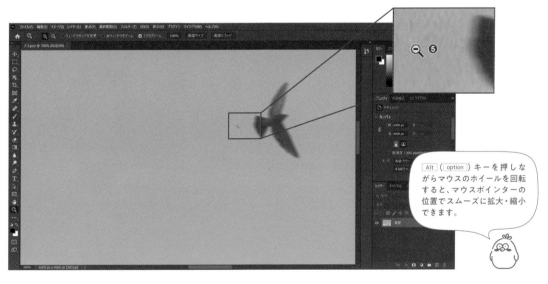

❺

> Alt （ option ）キーを押しながらマウスのホイールを回転すると、マウスポインターの位置でスムーズに拡大・縮小できます。

ここがPOINT

［ズームアウト］ボタンでも切り替えられる

ズームアウトへの切り替えは、［オプションバー］で［ズームアウト］ボタン❶をクリックすることでもできます。

❶ ウィンドウサイズを変更

ここがPOINT

表示領域全体を拡大・縮小するには

［ズームツール］ではクリックした位置を中心に拡大・縮小されますが、 Ctrl （ ⌘ ）キー ＋ ＋／－ キーを押すと、表示領域全体を拡大・縮小できます。

④ 表示を縮小できました。クリックするごとに縮小されます。

ここがPOINT

ドラッグでも拡大・縮小できる

デフォルトではオプションバーの［スクラブズーム］にチェックが入っています❶。この状態で画面上を［ズームツール］でクリックしたまま右側にドラッグすると拡大表示、左側にドラッグすると縮小表示できます。

見やすい位置に移動する

［手のひらツール］を使って、ドキュメントウィンドウに表示される画像の位置を調整してみましょう。［手のひらツール］は、カンバス（画像）が拡大されてドキュメントウィンドウより大きくなったときに、カンバスの位置を移動できるツールです。ここでは、鳥を画面中央に移動してみましょう。

① ［ツール］パネルで［手のひらツール］をクリックし❶、画面をドラッグして鳥が真ん中に表示されるように位置を調整します❷。なお、どんなツールを選択中でも、 Space キーを押すことで一時的に［手のひらツール］に切り替えられるので、すばやく位置を移動したいときに便利です。

＼ できた！／ 拡大表示した鳥を画面中央に移動させることができました。

> 目的のオブジェクトを見やすい位置に移動させることによって、より作業がしやすくなります！

＼もっと／
知りたい！

● オブジェクトを囲んで拡大する方法

［ズームツール］では、拡大したいオブジェクトを囲んで範囲を指定し、拡大することもできます。拡大したい部分が決まっているときはこの方法が便利です。

① オプションバーの［スクラブズーム］のチェックをはずします❶。

② ズームインの［ズームツール］で、拡大したい部分を点線で囲むように、左上から右斜め下にドラッグします❷。

③ 囲んだ部分が拡大表示されます。

#新規レイヤーの作成 #コピースタンプツール #ブラシの設定

コピースタンプツールで 鳥を消そう

動画でも
チェック！

https://dekiru.net/
yps_204

練習用ファイル
2-4.psd

ここでは、写っている鳥を消して、その部分を青空に置き換えてみましょう。写真に意図しないものが写り込んだ場合など、さまざまなシーンで使える定番技の1つです。

Before

After

コピーしたサンプルで鳥を隠す

ここではツールを使って手早く鳥を消してみましょう。今回使う［コピースタンプツール］は画像の一部をコピーして、消したいものの上に貼り付ける機能で、スタンプのような感覚で使えるのが特徴です。画像編集では、画像上の不要物を消す場合などによく使われます。写り込んでしまった人や鳥、小さなほこりなど、「それさえなければいい写真だったのにな……」というボツ写真を救出してみましょう。元の写真は変更せず、作業用の新しい「レイヤー」を作成して修正していきましょう。

新規レイヤーを作成する

まずは作業用のレイヤーを作成します。レイヤーというのは、画像に重ねる透明な下敷きのようなものです。作業用のレイヤーを作成することで、元の画像を破壊することなく編集できます。
レイヤーについては41ページで詳しく解説します。ここでは新しく作業用スペースを作成する感覚で［新規レイヤー］を作成しましょう。

① 練習用ファイル「2-4.psd」を開きます。画面右下にある［レイヤー］パネルで［新規レイヤーを作成］ボタンをクリックします❶。

② ［背景］レイヤーの上に新規レイヤー（レイヤー1）が作成できました❷。

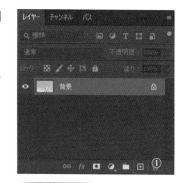

追加されたレイヤーは透明なので、画像の見た目に変化はありません。

レイヤー名を変更する

レイヤーの名前は内容がわかるように変更しましょう。

（1）［レイヤー1］レイヤーの名前の上でダブルクリックして、編集可能な状態にします❶。

> レイヤー名をわかりやすい名前にして整理しておくことで、作業がはかどります！

（2）「レタッチ」と入力し、Enter（return）キーを押します❷。

（3）レイヤーの名前を変更できました。

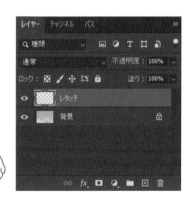

> レタッチとは手を加えたり、修正したりするという意味です。このレイヤーを使って画像を次の手順から画像を修正していきます。

コピースタンプツールを選択し
サンプルのコピー元レイヤーを選択する

［コピースタンプツール］を選択し、サンプルをコピーするレイヤーを設定します。

（1）ツールパネルで［コピースタンプツール］をクリックし❶、オプションバーで［サンプル］を［現在のレイヤー以下］に設定します❷。

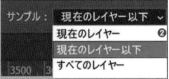

［現在のレイヤー以下］とは、レイヤーパネルで現在のレイヤーから下にあるレイヤーのこと

― ここがPOINT ―

コピーできないときは［サンプル］を確認

オプションバーの［サンプル］では、サンプルをコピーするレイヤーを指定します。ここでは［レタッチ］レイヤー上で［コピースタンプツール］を使いますが、［レタッチ］レイヤーは何もない状態なので、［サンプル］を［現在のレイヤー］にしているとサンプルがコピーできません。忘れずに［現在のレイヤー以下］にしましょう。なお、今回は［レタッチ］レイヤーの上にはレイヤーがないので、［すべてのレイヤー］でもOKです。

ブラシの大きさと硬さを変更する

サンプルをコピーするブラシの大きさや硬さを決めます。ブラシ
とは、修整筆（レタッチングブラシ）のことです。写真を現像した
りプリントしたりする際にインキを使って修整するための筆で、
絵の具の筆と同じようにさまざまな硬さや大きさのものがありま
す。この修整筆をPhotoshop上でシミュレートしたのがブラシ
ツールです。硬さは、数値が大きいほど境界線がはっきりとした
ブラシになります。ここでは数値を小さめに設定し、境界線がぼ
やけたブラシにして背景となじみやすくします。

① オプションバーの［クリックでブラシプリセットピッカー
を開く］をクリックし❶、［ブラシプリセットピッカー］を
開きます❷。

> ［ブラシプリセットピッカー］
> は、画像上で右クリックして
> も開けます。

┈┈ ブラシプリセットピッカー

② ［直径］に「600px」❸、［硬さ］に「50%」と入力します❹。

ここがPOINT

**ブラシの大きさは
画像上で確認できる**

［コピースタンプツー
ル］を選択中にマウス
ポインタを画像の上
に移動すると、ブラシ
の大きさが円で示さ
れます❶。消したい対
象に合わせてサイズ
を設定しましょう。

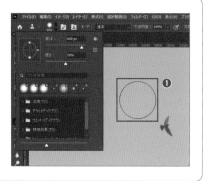

サンプルをコピーして対象を隠す

まずは作業するレイヤーを選択します。そこから［背景］レイヤーの青空をコピーして、
上のレイヤーに貼り付けることで、鳥を隠す、という作業を行います。

① ［レイヤー］パネルで［レタッチ］レイヤーが選択されてい
ることを確認します❶。

② [Alt]（[option]）キーを押しながら、鳥の右側あたりの青空を一度クリックします❷。

このとき、選択しているレイヤーは［レタッチ］レイヤーですが、［サンプル］を［現在のレイヤー以下］に設定したことで、［背景］レイヤーの青空の一部がコピーできます。

[Alt] キーを押すと、カーソルはターゲットカーソル⊕に変わります。

③ [Alt]（[option]）キーを離すとマウスポインターがブラシを表す円になるので、鳥の上に移動し、クリックします❸。

つまり、コピースタンプツールでサンプルをコピーするときは、[Alt]（[option]）キーを押しながらクリックし、スタンプするときはクリックしたりドラッグしたりするということですね。

＼できた！／ 鳥をきれいに消すことができました。

ここがPOINT

[調整あり]のオンとオフの違いについて

[コピースタンプツール]の＋はサンプル元を示しています。円の中に表示されているのは、＋を円の中心とした範囲です。[調整あり]をオンにした場合は❶、最初に指定したコピー元は一定の距離❷を保って、ブラシの動きに追従します。たとえば青空の写真でも均一な青色ではなく濃淡があるため、同じ箇所からサンプルを続けると、不自然になりがちですが、[調整あり]をオンにした場合、サンプル元が常にブラシの近くに移動するため、自然な効果を得る手助けになります。[調整あり]をオフにした場合は、一度指定したサンプル元（＋）は動かないため、決まった模様をコピーしたい場合などに役立ちます。臨機応変に使い分けましょう。

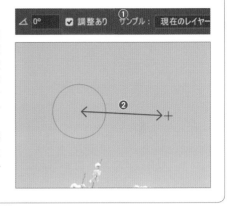

ここがPOINT

いつでも元画像の状態に戻せる

[レイヤー]パネルで[背景]レイヤーの左側の目のマークをクリックして表示をオフにすると❶、[レタッチ]レイヤー上に、[コピースタンプツール]で配置した空のコピーがあることがわかります❷。これが鳥の上にかぶさることで鳥が消去されています。[背景]レイヤーのデータ自体には変更が加えられていないため、[レタッチ]レイヤーをオフまたは削除することで、いつでも元の状態に戻せます。

[レタッチ]レイヤーだけ表示した状態

もっと
知りたい！

● ブラシのサイズと硬さをすばやく変えるには

ブラシのサイズや硬さを変えるたびに[ブラシプリセットピッカー]を開いて設定するのは面倒です。そんなときには、下記のショートカットキーを使うと便利です。[コピースタンプツール]のほか、[ブラシツール]などでも使えます。

① [Alt] + [Ctrl] + 右クリック（[option] + [control] + クリック）しながら右にドラッグするとブラシサイズが大きく❶、左にドラッグすると小さくなります❷。

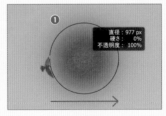
大きく

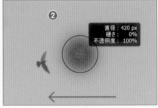
小さく

② [Alt] + [Ctrl] + 右クリック（[option] + [control] + クリック）しながら上にドラッグするとブラシの硬さがやわらかく❸、下にドラッグすると硬くなります❹。

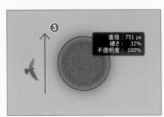
柔らかく

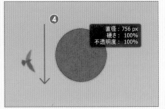
硬く

CHAPTER 2

LESSON 5

#文字の入力 #横書き文字ツール #移動ツール

画像に文字を追加しよう

動画でも
チェック！
https://dekiru.net/
yps_205

練習用ファイル
2-5.psd

前回のレッスンから続いて、今度は画像に文字を追加してみましょう。追加する文字の種類や色、大きさなどの変更も合わせて学んでいきます。

[横書き文字ツール]を使って文字を追加しましょう。[移動ツール]で画面上で文字を移動する方法や、[文字]パネルでの基本的な設定の仕方についても説明します。

横書き文字ツールを選択する

文字を入力するには[横書き文字ツール]や[縦書き文字ツール]を使います。ここでは[横書き文字ツール]を使って横方向のテキストを入力しましょう。文字を入力すると、[レイヤー]パネルに自動的にテキストレイヤーが追加されます。画像に直接文字を入力するわけではないため、入力した文字はいつでも変更が可能です。

① 練習用ファイル「2-5.psd」を開きます。ツールパネルで[横書き文字ツール]をクリックします❶。

> **ここがPOINT**
>
> **文字ツールは4種類ある**
>
> 文字関連のツールは4種類あります。このレッスンでは[横書き文字ツール]を使いますが、縦書き文字を入力したい場合には[縦書き文字ツール]を使います。使い方は[横書き文字ツール]と同じです。[横書き文字マスクツール]と[縦書き文字マスクツール]は、文字の形で選択範囲を作成できるツールです。

文字を入力する

文字入力の開始点を決めて、文字を入力してみましょう。

1 文字を入れたい箇所をクリックします❶。ここでは青空の適当な位置をクリックしました。[レイヤー]パネルにテキストレイヤーが追加されます❷。

文字はあとから移動できるので、ここでは適当な位置でクリックして大丈夫です。

テキストレイヤーは「T」と表示される

2 フォントサイズを設定して❸、「Spring」と入力します❹。

入力前に、オプションバーでフォントの種類やフォントサイズを設定できます。ここでは例としてフォントサイズを72ptにしてあります。フォントの種類やサイズ、色はあとから変更できます。37〜39ページを参照してください。

春らしい写真なので、「Spring（春）」と入れました！

文字の配置を決める

1 最終的には文字を画像の中央に配置するため、オプションバーで[中央揃え]をクリックし❶、文字の基準点をテキストボックスの中央にして作業しやすくしておきます。基準点を表す■が中央に移動したことがわかります❷。

─ ここがPOINT ─

基準点とは？

基準点とは、フォントを変形する際に基準となる点のことです。

文字を移動する

[移動ツール]で文字を移動しましょう。[移動ツール]を使うと、レイヤーや選択範囲内の画像などを移動できます。ここでは、入力した文字を画像の中央付近に配置してみましょう。

① ツールパネルで[移動ツール]をクリックします❶。

> 移動ツールを選ばなくても、Ctrl（⌘）キーを押している間だけ移動ツールに切り替わります。

② 文字をドラッグして中央へと移動させます。画像の中央の位置になると図のようにピンク色のガイド線が表示されます。ここでは桜に文字が重ならないように、中央より少し上に配置しました。

─ ここがPOINT ─

スマートガイドの利用

ピンク色の線は位置の目安になるガイドラインで、「スマートガイド」と呼ばれます。初期設定ではオンになっていますが、オフになっている場合は、[表示]メニュー→[表示・非表示]の[スマートガイド]を選択することでオンにできます。

 ## 文字の色を変更する

[文字]パネルで、文字の色や大きさ、フォントの種類などを設定できます。ここでは、色を空の青と相性のいい白に変更し、大きさも変えましょう。

① [ウィンドウ]メニューから[文字]を選択し❶、[文字]パネルを表示します。

> ここでは、ワークスペースがどんな状態であっても[文字]パネルが表示される確実な方法を紹介しましたが、場合によってはドックの中に見つかります。また、[プロパティ]パネルでも[文字]パネルの一部の機能を使うことができます。

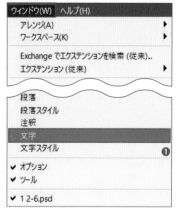

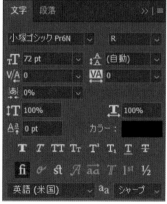

[文字]パネル

② [横書き文字ツール] T で文字をドラッグして選択します。

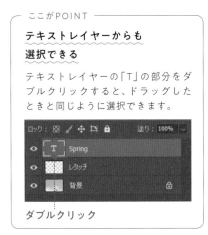

③ [文字] パネルの [カラー] の色見本をクリックします❷。[カラーピッカー (テキストカラー)] ダイアログボックスが表示されるので、カラーフィールドで左上の白い部分を選択し❸、[OK] ボタンをクリックします❹。

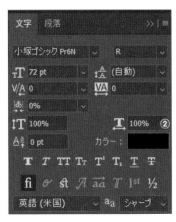

カラーフィールド

④ [横書き文字ツール] T で文字をクリックして選択を解除します。文字が白くなりました。

文字の大きさを変更する

続いて、文字のサイズを変えてみましょう。前のレッスンで鳥を消して空に広いスペースができたので、思い切って文字を大きくしてみましょう。

① もう少し！ 前のステップと同様に[横書き文字ツール]で文字をドラッグして選択してから、[文字]パネルでサイズに「320pt」と入力し❶、[Enter]([return])キーを押します。[横書き文字ツール]で文字をクリックして選択を解除しましょう。

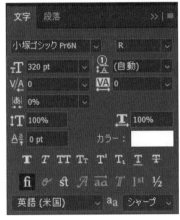

> 36ページで設定した基準点がここで関わってきます。中央を基準に大きさが変わったのがわかります。

ここがPOINT

文字サイズはドラッグでも変えられる

文字サイズは、[文字]パネルの[フォントサイズを設定]アイコンをクリックして左右にドラッグすることでも変えられます。[フォントサイズを設定]アイコンにマウスポインターを重ねると指アイコンに変わり❶、右にドラッグすると拡大、左にドラッグすると縮小でき、文字の選択を解除すると確定されます。オプションバーのサイズのアイコンでも同様にできます。

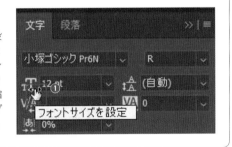

---

② オプションバーの[○]ボタンをクリックして❷、変更を確定します。

＼できた！／ 文字を大きくすることができました。

> このレッスンでは、文字をドラッグして色を変えましたが、変更したいテキストレイヤーを選択するだけでも、色やサイズを変更できます。ただし「Spring」→「Summer」のように文字自体を変える場合はドラッグして選択する必要があります。

● ［文字］パネルの主な機能

［文字］パネルでは、文字に関するさまざまな調整が行えます。ここでは、よく使われる基本的な機能を説明しましょう。
149ページでは、［プロパティ］パネルで設定できる内容について解説しているので、そちらもあわせて確認するとよいでしょう。

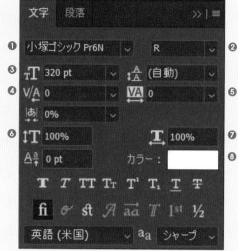

文字データのセットのことを「フォント」と呼びます。

---

❶ フォントの種類
使用するフォントを選ぶ

❺ トラッキング
選択した文字列の文字間隔を調整する

❷ フォントスタイル
フォントに付属しているウェイト（太さ）を選ぶ

❻ 垂直比率
選択した文字の高さを調整する

❸ フォントの大きさ
フォントのサイズを選ぶ

❼ 水平比率
選択した文字の幅を調整する

❹ カーニング
カーソルの右側の文字を詰める

❽ カラー
文字の色を選ぶ

CHAPTER 2 #レイヤーの基本

LESSON
6

レイヤーの基本を理解しよう

「レイヤー」は画像編集をするうえでとても重要な機能です。ここでは、レイヤーの概念、[レイヤー]パネルの見方、基本的な操作方法を学びましょう。

動画でもチェック！

https://dekiru.net/yps_206

練習用ファイル
2-6.psd

レイヤーとは？

「レイヤー」は、画像に重ねていく透明な下敷きのようなものです。レイヤーには画像・文字・図形などをのせることができ、重ね合わせ方（描画モード）や透過の度合い（不透明度）も設定できます。画像の上に作成したレイヤー上で作業することで、元の画像を破壊することなく編集できる点が大きなメリットです。またレイヤーは何枚でも重ねられ、いつでも消去できるので、何度でも編集をやり直すことができます。

レイヤーは、[レイヤー]パネルで管理します。画像の見た目と[レイヤー]パネルでの見え方を、下記のサンプル画像で確認しましょう。ここでは、上からテキスト❶、吹き出し❷、イラスト❸、写真❹の順で重なっています。

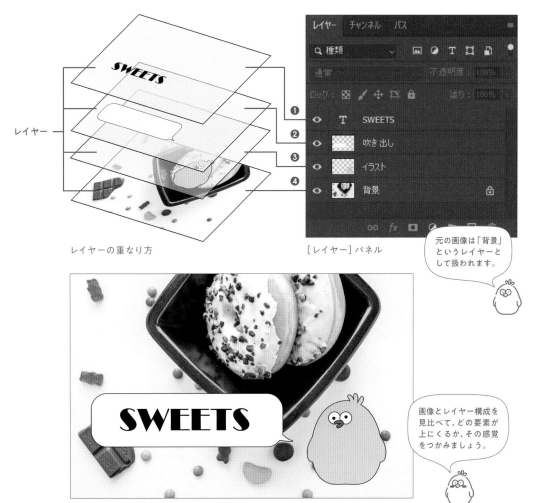

レイヤーの重なり方　　　　　[レイヤー]パネル

元の画像は「背景」というレイヤーとして扱われます。

画像とレイヤー構成を見比べて、どの要素が上にくるか、その感覚をつかみましょう。

画像の見え方

レイヤーの順番と画像の見え方を確認する

レイヤーは下から上へと積み重なっていき、できあがった画像は一番上のレイヤーから見える状態になっています。実際にレイヤーの順番を変えたときに、見え方がどう変わるのか、確認してみましょう。

①　練習用ファイル「2-6.psd」を開きます。この画像は、一番下に鳥が写った［背景］レイヤー、その上に、鳥を隠すために作成した［レタッチ］レイヤー、その上に「Spring」のテキストレイヤーという3つのレイヤーで構成されていることがわかります。

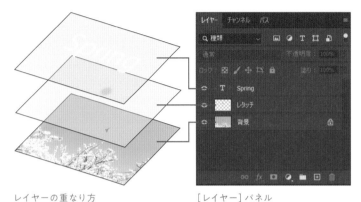

画像の見え方

レイヤーの重なり方　　　　　　　［レイヤー］パネル

②　［レイヤー］パネルでテキストレイヤーを［レタッチ］レイヤーの下にドラッグして❶、レイヤーを入れ替えてみましょう。

③　テキストの上に、スタンプツールで描画した丸が表示されました❷。見え方の違いが確認できたらレイヤーの順番を元に戻しておきましょう。

> 同じ要素を配置していても、レイヤーの順番によって画像の見た目が変わります。レイヤーのしくみを理解して、上手に管理しましょう。次のレッスンでは作成した画像を保存していきます。

テキストレイヤーを［レタッチ］レイヤーの下に移動したことで「Spring」の文字の一部が隠れている状態

もっと
知りたい！

● [レイヤー] パネルの主な機能

[レイヤー] パネルには、レイヤーを作成・管理するためのさまざまな機能があります。ここでは、よく使われる基本的な機能を説明しましょう。

❶ レイヤー一覧
画像に含まれるレイヤーの一覧。背景色が明るいグレーのレイヤー（この画面では [レタッチ] レイヤー）が、現在選択されているレイヤーです。レイヤーの並び順は、ドラッグで入れ替えることができます。

❷ 描画モードと不透明度
描画モード（重ね合わせ方）と不透明度（透過率）を変更できます。

❸ ロック機能
選択したレイヤーの全体または一部をロックして、保護できます。

　透明ピクセルをロック：透明部分を描画できない状態にします。移動や変形はできます。

　画像ピクセルをロック：透明か不透明かに関わらず、描画できない状態にします。移動や変形はできます。

　位置をロック：移動や変形ができない状態にします。

　アートボードやフレームの内外へ自動ネストしない：アートボードを複数作成した場合に、ほかのアートボードに自動で移動できない状態にします。

❹ レイヤーの表示・非表示
レイヤーの表示と非表示を一時的に切り替えます。目のアイコンが表示されているレイヤーは、現在表示されているレイヤーです。目のアイコンをクリックすると、目のアイコンが消え、レイヤーも非表示になります。もう一度クリックすると表示されます。

❺ レイヤーサムネール
レイヤーのプレビュー画像が表示されます。

❻ レイヤーのリンク
選択したレイヤー同士をリンクさせて、移動や変形を同時に行うことができます。

❼ レイヤースタイルを追加
レイヤーに追加したい効果を選択できます。

❽ レイヤーマスクを追加
レイヤーにレイヤーマスクを追加します。

❾ 塗りつぶしまたは調整レイヤーを新規作成
塗りつぶしレイヤー、調整レイヤーを新しく作ります。

❿ 新規グループを作成
選択中の複数のレイヤーをグループにします。

⓫ 新規レイヤーを追加
新しいレイヤーを追加します。Alt（option）キーを押しながらクリックすると、[新規レイヤー] ダイアログボックスが開き、レイヤーの名前などを設定してから作成できます。

⓬ レイヤーを削除
選択したレイヤーを削除します。

CHAPTER 2

LESSON 7

#保存 #Photoshopの終了

画像を保存し、Photoshopを終了しよう

動画でもチェック！
https://dekiru.net/yps_207

練習用ファイル
2-7.psd

この章を通して、Photoshopの初歩的なレタッチや文字の入力方法、レイヤーの構造を学びました。ここまでの画像を保存し、Photoshopを終了しましょう。

 ## ファイル名をつけて保存する

レッスン1〜6で画像を開いて、画像の一部を消したり、文字を入力したりといった編集をしてきました。ここではその作業内容を保存します。別のファイル名にして保存することで、元の画像とは別に保存しましょう。

① [ファイル]メニューから[別名で保存]を選択します❶。
（このレッスンから始める場合は練習用ファイル「2-7.psd」を開いて操作します。）

ここがPOINT

[別名で保存]のショートカット

よく使う機能は、ショートカットを覚えてみましょう。[別名で保存]は Shift + Ctrl（⌘）+ S です。

ここがPOINT

[保存]と[別名で保存]の違い

[保存]は編集内容を元画像に上書きして保存します。そのため、保存後は編集前の状態に戻せません。元の画像を残しておきたい場合は[別名で保存]を選択します。ほかのファイル形式で保存したい場合も[別名で保存]から行います。

② 初回は、保存先をたずねるダイアログボックスが出ます❷。今回はクラウドではなくPCに保存したいので[コンピューターに保存]をクリックします❸。

次回からこのダイアログボックスを表示したくない場合は、左下の[次回から表示しない]にチェックを入れましょう。

③ [別名で保存]ダイアログボックスが表示されます。ここではよりわかりやすくするために[ファイル名]を「2-7_spring」に変更します❹。[ファイルの種類]は[Photoshop]を選び❺、必要に応じて保存場所を指定します❻。

設定が完了したら[保存]ボタンをクリックします❼。

効率よく作業するために、ファイル名には作業日や画像の内容など、わかりやすい名前をつけておきましょう。

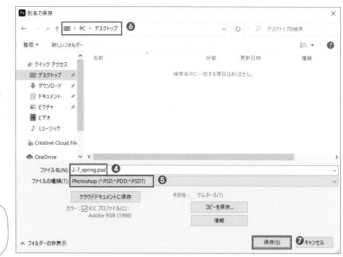

④ 初回は、互換性をたずねる[Photoshop形式オプション]ダイアログボックスが表示されます。古いバージョンのPhotoshopでも開けるように[互換性を優先]にチェックが入っているのを確認し❽、[OK]ボタンをクリックします❾。これで保存できました。

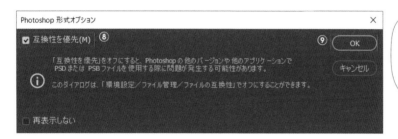

[互換性を優先]のチェックをはずしてオフにするとファイルサイズを軽くできます。古いバージョンを使わない方はオフをおすすめします。

⑤ 拡張子が「.psd」のファイルが保存されました。

2-7_spring.psd

元画像がJPEG形式だったとしても、Photoshop形式(.psd)として保存することで、レイヤーなどPhotoshopの編集状態を保持したファイルとなります。

Photoshopを終了する

① [ファイル]メニューから[終了](Macは[Photoshop]メニューの[Photoshop を終了])を選択します❶。

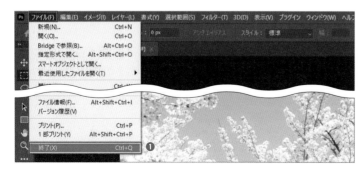

ここがPOINT

[終了]のショートカット

Ctrl（⌘）＋ Q でもPhotoshop を終了できます。

保存のファイル形式を知ろう

第2章のレッスン7では画像ファイルをPhotoshop（PSD）形式で保存しましたが、
Photoshopではさまざまな形式でファイルを保存できます。ここでは、代表的なものを
いくつか紹介しましょう。

保存形式	特長
Photoshop（PSD）	レイヤー、マスク、チャンネルなど、Photoshopの機能をすべて保持したまま保存できる形式です。InDesignやIllustratorといったほかのAdobeアプリケーションでも、PSD形式のまま読み込んで作業ができます。作業過程のファイルはPSDで保存し、完成ファイルは互換性の高いJPEGやTIFFに変換するといった方法が一般的です。
GIF	使える色数が256色までと制限されたファイル形式です。その分、ファイル容量が軽いのが特徴です。少ない色数で済むWeb用の図やイラスト、アイコンなどに向いています。
JPEG	フルカラーの1,677万色を表現できるほか、高い圧縮率でファイルサイズを小さくできるため、デジタル写真に広く使われている形式です。Photoshopでは、0から12段階までの圧縮比率が選べますが、圧縮率が高くなるほど画像が劣化します。透明はサポートされません。
PNG	Webで広く普及している画像形式で、透明部分を保持したまま保存できます。GIFが256色までしか扱えないのに対し、フルカラー（1,677万色）をサポートしています。
TIFF	圧縮せずに画像を保存できる形式です。DTPアプリケーションでサポートされており、印刷目的ではPSDなどからTIFFに書き出す場合もよくあります。データサイズが大きいため、Webには使われません。

ここがPOINT

レイヤーを含まないファイルを保存するときは

Photoshopバージョン22.5.1では、レイヤーを含むファイルは［別名で保存］からは
JPEGやPNG形式として保存できません。JPEGやPNG形式で保存する場合は、［別名で
保存］ダイアログボックスの［コピーを保存］ボタンをクリックすると、［複製を保存］
ダイアログボックスに切り替わるのでそこから保存しましょう。［ファイル］メニュー
から［コピーを保存］を選択して保存することもできます。

画像補正の基本を知る

この章では、Photoshopでできる画像補正のうち、
基本的なものを学びましょう。
基本的な機能やその仕組みの理解は、応用するときにも役立ちます。
色や解像度といった画像編集で知っておくべき
基本知識についても学びます。

画像修正の基本を学ぼう

画像修正の実践に入る前に、画像修正とは何か、どんなものがあるのかを学びましょう。

画像修正とは？

Photoshopでは、明るさや色合いを変えたり、汚れを消したり、被写体を移動したり、部分的に切り抜いたりと、さまざまな写真の加工ができます。まずは基本的な画像の補正や加工方法を学びましょう。

画像修正の効果

下の写真を左右で見比べてみましょう。
たとえばカフェのメニューに載っていて注文したくなるのはどちらでしょうか。
商品ページで目を惹き、購買につながるのはどちらでしょうか。料理を見ただけでお腹が空く魔法を、商品をより手元に置きたくなる魔法をかけられるのが、Photoshopでできる写真編集、そしてその効果です。

料理が温かく、野菜が新鮮に見えるような、おいしそうな
色合いに補正

商品の質感がより際立つようにコントラストを調整

画像修正の基本を知ろう

Photoshopでは、被写体の傾きを水平にしたり、暗い写真を明るくしたりといった基本的な修正を簡単な操作で行えます。

● 写真の切り抜き

不要な部分を削除したり、被写体を目立たせたりする目的で、写真を切り抜くことができます。

詳細 ➡ 50ページ

目立たせたい箇所を切り抜く

● 傾きの修正

画面上で水平や垂直を指定して、傾きを修正できます。特に狙いがない限り、写真内の水平・垂直線が画面や用紙の縦横ラインと揃っていると落ち着いた写真になります。

詳細 ➡ 53ページ

水平方向がやや傾いた写真を修正

● 明暗の調整

暗い写真や明るすぎる写真を、適切な明るさに調整して、写真の印象を変更できます。

詳細 ➡ 55ページ

暗い写真を明るくする

● 色合いを調整

撮影時の環境光の影響によって本来の色から離れてしまった写真を、適切な色合いに調整できます。花は鮮やかに、食べ物は美味しく、より伝わる写真にすることができます。

詳細 ➡ 67ページ

色味とコントラストを補正して鮮やかな印象にする

次のレッスンからはこれらの画像修正を実際に体験していきましょう。

#切り抜きツール

写真を切り抜こう

動画でも
チェック!

https://dekiru.net/
yps_302

周囲の不要な部分を削除したり、画像の主役を目立たせたりするためにトリミングする方法を解説します。

練習用ファイル
3-2.psd

Before

After

このレッスンでは手前の赤い実をより目立たせるために周囲の不要な部分をトリミングします。構図も意識して、やや右下に赤い実がくるように切り抜いてみましょう。

 切り抜きのプレビューを表示する

① 練習用ファイル「3-2.psd」を開きます。ツールパネルの[切り抜きツール]をクリックし❶、画像をクリックします❷。

② すると、8つのハンドルで囲まれた切り抜きのプレビュー画面が表示されます。このハンドルで囲まれた部分が切り抜かれます。

8つのハンドル(赤く囲んだ部分)

縦横比を保って、切り抜く

ここでは元の写真の縦横比を保ったまま切り抜きましょう。構図も意識して、赤い実が右下にくるように不要な部分をトリミングします。

① Shift キーを押しながら、角や端のハンドルをドラッグして❶、切り抜く位置を決めます。このとき切り抜く範囲以外は暗く表示されます。

①

切り抜く範囲

Shift キーを押しながらドラッグすると、もとの縦横比を保てます。

ここがPOINT

三分割構図を参考に切り抜く

初期設定の切り抜きプレビューは、三分割構図になっています。三分割構図とは縦横それぞれを三分割し、その交点や線上にメインとなる部分がくるように配置する構図です。ここでは右下の交点にメインとなる赤い実がくるようにハンドルを移動しましょう。

ここがPOINT

画像を直接ドラッグして切り抜く範囲を決める

[切り抜きツール]を選択後、プレビュー画面を表示させずに、必要な箇所を直接ドラッグしても切り抜く位置を決められます。

---

② 切り抜く範囲が決まったら、オプションバーの[〇]ボタンをクリックします❷。

切り抜く範囲の確定は Enter キーを押してもできます。

セルを削除　☑ コンテンツに応じる　↺ ✕ 〇 **②**

ここがPOINT

切り抜きをキャンセルするには

切り抜きをキャンセルする場合は[✕]ボタンをクリックします。

 できた！ トリミングできました。

● **サイズを指定して切り抜こう**

サイズを指定して切り抜くこともできます。サイズが決まっているときは、この方法を使いましょう。

① [切り抜きツール] を選択します。オプションバーの [比率] の をクリックし①、[幅×高さ×解像度]を選択します②。

② オプションバーに幅、高さの順に切り抜きたいサイズを入力します③。

③ 枠が指定したサイズになります。枠をドラッグして切り抜きたい範囲を決めたら④、[○]ボタンをクリックします⑤。

④ 指定したサイズで切り抜きができました。編集画面の左下を見ると、指定したサイズになっていることが確認できます⑥。

ここがPOINT

縦横比を変えずにサイズを指定する

手順②で幅か高さのどちらかだけを指定すると、その数値で、縦横比を保ったままサイズが変更されます。そのサイズで切り抜きたい場合は前ページの手順①と同様に Shift キーを押しながら枠をドラッグして範囲を指定し、[○]ボタンをクリックします。プレビューで表示される数値に関係なく、仕上がりのサイズは入力した数値になります。

幅だけを入力した例

動画でも
チェック！

https://dekiru.net/
yps_303

LESSON **3**

#切り抜きツール #ものさしツール

傾きを直して
写真を整えよう

傾いてしまった写真の角度を直して、写真の見栄えを整える方法を解説します。

練習用ファイル
3-3.psd

Before

After

Beforeの写真は水平方向の線が若干斜めに傾いています。一見するとわかりにくく細かい部分かもしれません。しかし細部を補正することで、写真の見栄えはぐっとよくなります。ここでは、ものさしツールを使って、写真の傾きの角度を計算して調整していきます。調整後に発生した余白はトリミングします。

画像を水平にする

ものさしツールで、修正したいラインの角度を割り出して、［レイヤーの角度補正］で水平にします。

① 練習用ファイル「3-3.psd」を開きます。
［スポイトツール］を長押しし❶、［ものさしツール］を選択します❷。

② 写真の中で、水平にしたい箇所をドラッグします。ここでは窓枠に沿って左から右にドラッグします❸。写真の上のドラッグした箇所が基準となる線として表示されます。

基準となる線

③ オプションバーにある、［レイヤーの角度補正］ボタンをクリックします❹。

--- ここがPOINT ---

ものさしツールとは？

ものさしツールはドラッグした区間の距離を測定したり、ドラッグして引いた線が画像の水平軸と垂直軸に対してどのくらい傾いているかを測定したりするツールです。傾斜の角度❶はオプションバーで確認できます。

④ すると、自動で傾きが修正されます。

傾きを修正したことで
端に余白が生じます。

余白

 余白をトリミングする

写真全体を傾けて補正したので写真の端に余白が生じて
しまいました。この余白はトリミング（切り抜き）をして
削除しましょう。

① ［切り抜きツール］ をクリックし、写真に余白
が残らないようにドラッグします❶。 Enter キー
を押すとトリミングが完了します。

できた！ 傾きを直すことで写真の見栄えがよくな
りました。
切り抜き方法 ➡ 50ページ

もっと
知りたい！

● ［切り抜きツール］を使って傾きを修正しよう！！

［切り抜きツール］を使って画像の傾きを修正することもできます。
［ものさしツール］を使った方法では、生じた余白をトリミングしま
したが、この機能を使うと余白を周辺の情報をもとに自動で埋めて
くれます。

① ［切り抜きツール］を選択し❶、オプションバーの［角
度補正］ボタンをクリックします❷。写真の中で、水平
にしたい箇所をドラッグします❸。

基準となる線

② 自動で角度が補正されるので、［コンテンツに応じる］
にチェックを入れ❹、 Enter キーを押すと、余白が自
動で塗りつぶされて傾きが修正されます。

✓ 切り抜いたピクセルを削除　✓ コンテンツに応じる ❹

 ［切り抜きツール］を使った方法は画像によっては、違和感のある
仕上がりになることもあります。うまくいかないときは［ものさ
しツール］を使った方法で、着実に傾きを修正しましょう。

LESSON 4

#明るさ・コントラスト #調整レイヤー

暗い写真を明るくしよう

Photoshopには写真の明るさを調整する機能がたくさんありますが、このレッスンでは［明るさ・コントラスト］の機能を使って暗い写真を明るくする方法を解説します。

動画でもチェック！

https://dekiru.net/yps_304

練習用ファイル
3-4.psd

Before

After

このレッスンでは暗い写真を［明るさ］と［コントラスト］を使って、明るい写真にします。［明るさ］は画像の明度を調整するときに使い、［コントラスト］は画像の明暗の強弱を調整するときに使う機能です。ここでは調整レイヤーの1つである［明るさ・コントラスト］を使って明るく印象のよい写真に仕上げていきましょう。

調整レイヤーと塗りつぶしレイヤー

色調補正の機能がついたレイヤーのことを「調整レイヤー」といいます。調整レイヤーには16種類あり❶、画像にさまざまな色調補正を行うことができます。初期設定では、調整レイヤーの下にあるすべてのレイヤーに色調補正が適用されます。調整レイヤーを使うことで、元の画像を変更することなく補正できます。

レイヤーを塗りつぶすことができるレイヤーを「塗りつぶしレイヤー」といい、［べた塗り］、［グラデーション］、［パターン］の3種類があります❷。

Photoshopでは調整レイヤーや塗りつぶしレイヤーを使わずに直接画像を補正することもできますが、補正を繰り返すと、どんどん画像が劣化してしまいます。補正を行う場合は、元の画像をそのままの状態で残しておける調整レイヤーや塗りつぶしレイヤーを使うようにしましょう。

❷
べた塗り...
グラデーション...
パターン...

❶
明るさ・コントラスト...
レベル補正...
トーンカーブ...
露光量...

自然な彩度...
色相・彩度...
カラーバランス...
白黒...
レンズフィルター...
チャンネルミキサー...
カラールックアップ...

階調の反転
ポスタリゼーション...
2階調化...
グラデーションマップ...
特定色域の選択...

画像レイヤーの上に色調補正した調整レイヤーを重ねる

 調整レイヤーを作る

[明るさ・コントラスト]の調整レイヤーを作ります。

(1) 練習用ファイル「3-4.psd」を開きます。
[レイヤー]パネルで背景レイヤーをクリックして選択します❶。パネル下部にある[塗りつぶしまたは調整レイヤーを新規作成]ボタンをクリックし❷、[明るさ・コントラスト]を選択します❸。

(2) 背景レイヤーの上に、明るさ・コントラストの調整レイヤーが作成できました❹。

 明るさ・コントラストを調整する

[プロパティ]パネルで明るさとコントラストをそれぞれ調整していきます。ここでは[明るさ]を強く、[コントラスト]を少し弱めるように調整します。

(1) [明るさ・コントラスト]の[プロパティ]パネルで[明るさ]のスライダーを右にドラッグします❶。写真を確認しながら調整しましょう。ここでは[明るさ]を「70」に設定しました❷。

> 数値を上げるほど明るく、下げるほど暗くなります。スライダーを使わずに数値を直接入力することもできます。

(2) [コントラスト]のスライダーを左にドラッグします❸。明るくしたことでメリハリがつきすぎたコントラストを少し弱めてやわらかい印象にします。ここでは[コントラスト]を「-10」に設定しました❹。

> [明るさ:][コントラスト:]の部分をダブルクリックすると数値がリセットされ「0」に戻ります。

＼できた！／ 暗い写真をやわらかく、明るい写真にすることができました。

もっと
知りたい！

● いろいろな方法で画像の明るさを調整しよう

このレッスンでは［明るさ・コントラスト］の調整レイヤーを使って写真を補正しました。Photoshopにはほかにも明るさを調整する機能があります。その中でも代表的な［トーンカーブ］と［レベル補正］の調整レイヤーを使って、同じように写真を明るくする方法を紹介します。

レベル補正を使った方法

レベル補正では、明るさのレベル・分布を表したヒストグラムで明るさを調整できます。スライダーを横に動かすだけで、明るさを調整できます。このレッスンで使った［明るさ・コントラスト］よりもさらに細かく調整できます。
ハイライトのスライダーを左にドラッグし❶、写真の明るいところをより明るくします。さらに、中間調のスライダーを左にドラッグして❷、中間の明るさも少し明るくしましょう。

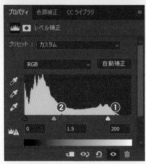

ハイライトを中心に明るい写真にした例

トーンカーブを使った方法

トーンカーブはグラフを使った補正です。グラフに表示される線にポイントを打って、そのポイントをドラッグして線の形を変えることで、明度と色調を調整できます。先に紹介した、［明るさ・コントラスト］、［レベル補正］より細かな調整が可能で、ソフトな結果を出すことが得意です。
中間の明るさを調整するポイントを上にドラッグして明るくし❸、暗いところを調整するポイントも上にドラッグして❹、明るくしましょう。

レベル補正とトーンカーブの詳しい使い方は、このあとのレッスンで解説します。ここでは、ほかにもこんな機能があるというのを知る程度で大丈夫です。

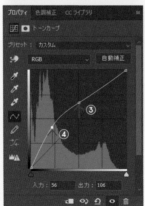

中間部とシャドウを中心に明るい写真にした例

写真にメリハリをつけよう

動画でも
チェック!

https://dekiru.net/
yps_305

メリハリのある写真を作るには、明るい部分と暗い部分をはっきりと見せることが重要です。ここでは[レベル補正]の機能を使って写真にコントラストをつける方法を説明していきます。

練習用ファイル
3-5.psd

Before

After

このレッスンでは、調整レイヤーの1つである[レベル補正]を使って、全体的にぼんやりとした印象の画像を、明るい部分はさらに明るく、暗い部分はさらに暗くします。コントラストを強くすることでメリハリをつけていきましょう。

 レベル補正とは？

レベル補正とは、画像の明暗や色のバランスを調整する機能です。
ヒストグラムと呼ばれる山のような形をしたグラフを用いて補正します。この山は、そのデータの分布を示したものです。
横軸は256の階調（0〜255）で明暗の位置を表しており、左へ行くほど暗い階調、右へ行くのほど明るい階調の座標になります。縦軸はピクセルの量です。ヒストグラムを見ると、どの明るさにどの程度ピクセルが分布しているかがわかります。
右の図をみると、左側から中間部分にかけての山が大きく、右側は山が小さくなっています。このことから、全体的に暗い部分が多い画像であることが読み取れます。

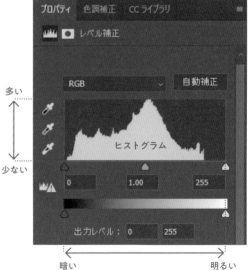

レベル補正の操作方法

ヒストグラムの下には、3つのスライダーがあります。左から「シャドウ」(もっとも暗い)、「中間調」、「ハイライト」(もっとも明るい)を示していて、これを左右に動かすことで明暗を調整できます。

シャドウ……最も暗い位置です。この位置より左の範囲は黒になります。よって、シャドウのスライダーを右に動かすと、暗い部分が増えます。

中間調………シャドウとハイライトの中間を示します。このスライダーを左に動かすと明るい部分が増え、右に動かすと暗い部分が増えます。

ハイライト…最も明るい位置です。この位置より右側は白になります。よって、ハイライトのスライダーを左に動かすと明るい部分が増えます。

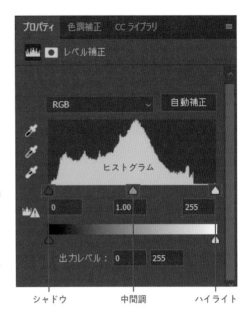

シャドウ　　　　中間調　　　　ハイライト

● レベル補正の調整例

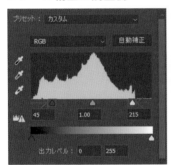

ハイライトとシャドウを増やすと、コントラストのついた画像になる

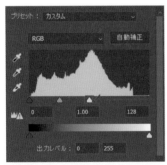

ハイライトを増やしすぎると、画像の明るい部分が白飛びしてしまう

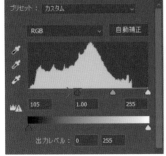

シャドウを増やしすぎると、画像の暗いところが黒つぶれしてしまう

［レイヤー］パネルで調整レイヤーを作る

写真の明るさを調整するための下準備として、［レベル補正］の調整レイヤーを作っていきます。

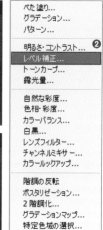

① 練習用ファイル「3-5.psd」を開きます。［レイヤー］パネルの［塗りつぶしまたは調整レイヤーを新規作成］ボタンをクリックして❶、［レベル補正］を選択します❷。

② 背景レイヤーの上に［レベル補正］の調整レイヤーができました❸。

写真の明るい部分を調整する

コントラストを強くしたいので、写真の明るいところをより明るく、暗いところをより暗くしていきます。まずはハイライトのスライダーをドラッグして明るい部分を調整します。

> コントラストとは明るい部分と暗い部分の差のことです。

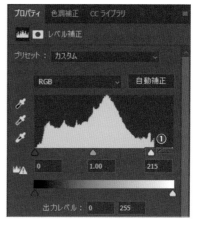

① ハイライトのスライダーを左にドラッグし❶、ガラスの光が当たっている部分が白飛びしない程度に明るくなるようにします。ここでは「215」に設定しました。

② 明るいところがより明るくなりました。

写真の暗い部分を調整する

今度は、シャドウのスライダーをドラッグして、暗い箇所を
より暗くしてメリハリがつくように調整しましょう。

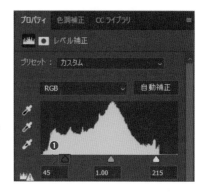

① シャドウのスライダーを右にドラッグし**❶**、写真を見
ながら背景の暗い部分がくっきりとした黒色になる
まで暗くします。ここでは「45」に設定しました。

② 暗い部分がより暗くなりました。

> レベル補正では、「明るさ
> のバランスがどのように
> 調整されることがコント
> ラストを強くするという
> ことなのか」を考える必要
> があります。

写真の中間部分を調整する

ここまでで明るい部分を明るく、暗い部分を暗くして、写真
のコントラストを強くしてきました。最後に、最もピクセル
の量が多い中間部分も少し明るくすることで、コントラスト
の強さを保ちつつ、全体的に明るい印象にします。

あともうちょっと！

① 中間調のスライダーを左にドラッグし**❶**、写真を見な
がらコントラストの強さを保ちつつ、全体を明るくし
ます。ここでは「1.21」に設定しました。

> 写真を明るくするだけの場合、中間の明るさを一番はじめに調整
> してみると、望みの結果が得られることが多いです。日中撮られ
> たほとんどの写真では、中間の明るさの量が一番多いからです。

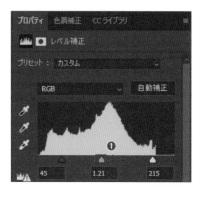

できた！ ［レベル補正］を使って写真にメリハリをつけ
ることができました。

┌─ ここがPOINT ─

レベル補正の小技

下のように、暗いところと明るいところのピクセル情報が
ない画像は、両端のスライダーをそれぞれ情報がある部分
まで詰めると、ほどよくコントラストが整います。

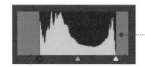

········· **ピクセルの情報がない**

● いろいろな方法で写真にメリハリをつけよう

このレッスンでは、[レベル補正]を使ってコントラストを強くして写真にメリハリをつけ
ました。同じ写真をほかの調整レイヤーを使ってコントラストを強くした場合はどうなる
でしょうか。見比べてみましょう。

[明るさ・コントラスト]を使った方法

[明るさ]のスライダーを右にド
ラッグして明るくすると❶、元から
明るい部分が重点的に明るくなる
ため、結果としてコントラストの
強い印象を作ることができました。
[コントラスト]のスライダーを右
にドラッグすると❷、さらにコント
ラストを強めることができます。
コントラストが強くなるというこ
とは、中間の情報をなくすというこ
とに等しいです。中間の情報がな
くなると写真の奥行きなどもなく
なり平たく見えてしまうので注意
しましょう。

明るさ：30
コントラスト：60

明るく、コントラストの強い写真になった

[トーンカーブ]を使った方法

[トーンカーブ]を使ってコントラ
ストを強くする場合、明るい部分を
調整するポイントを上にドラッグ
して明るくし❸、暗い部分を調整す
るポイントを下にドラッグして暗
くします❹。このときトーンカーブ
はS字を描きます。
[明るさ・コントラスト]と比べる
と、中間調を保ちやすいので、色の
変化のグラデーションも美しく表
現できます。

明るい部分を調整するポイントを
上に、暗い部分を調整するポイン
トを下にドラッグする

中間調を保ちつつコントラストの強い写真
になった

── ここがPOINT ──

補正内容を比べるときは

複数の補正方法を比べるとき
は、[レイヤーの表示／非表示]
で表示を切り替えて見比べま
しょう。

動画でも
チェック！

https://dekiru.net/
yps_306

CHAPTER 3

LESSON 6

写真をやわらかい
印象にしよう

#トーンカーブ

[トーンカーブ] を使ってコントラストを調整し、写真をやわらかい印象に仕上げる方法を解説します。

練習用ファイル
3-6.psd

Before

After

肌や髪の毛の色など、やわらかい印象になった

このレッスンでは、ややコントラストの強い写真のコントラストを弱めてやわらかい印象にします。調整レイヤーの1つ[トーンカーブ]を使って写真の暗部と明部の情報量を近づけることでコントラストを弱められます。

トーンカーブとは？

[トーンカーブ] は画像の明るさや色調を調整する機能の1つです。前のレッスンで紹介した[レベル補正]のようなスライダーではなく、グラフに表示される線の形を変えることで調整できます。カーブ（曲線）を描くような形から、トーンカーブと呼ばれます。横軸は元の画像の明暗、縦軸は調整後の明暗を表しています。Photoshop以外の写真補正のアプリにもよくついている機能です。

トーンカーブの操作方法

トーンカーブを作成すると、直線の対角線がグラフに表示されます。横軸のグラデーションを基準に、対角線上の調整したい明るさの場所にポイントを打ち、打ったポイントをドラッグします。上にドラッグすると元より明るく、下にドラッグすると元より暗くできます。たとえば、画像の明るい部分をさらに明るくしたい場合は、ハイライトよりにポイントを打ち、上にドラッグします。暗い部分をさらに暗くしたい場合は、シャドウよりにポイントを打ち、下にドラッグします。

カーブと縦軸の関係

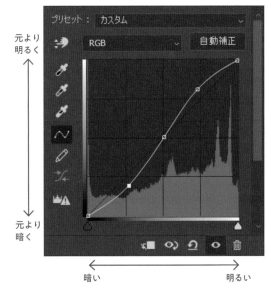

元より
明るく

元より
暗く

暗い   明るい

後ろには、画像の情報量の分布のヒストグラムが参照用に表示されています。
下のグラデーションが示すように、左を最も暗く、右を最も明るく位置づけたときの、明暗の情報量を表しています。

● トーンカーブの調整例

対角線の両端にあるシャドウとハイライトのポイントの間にポイントを追加します。通常、追加するポイントは1〜3つです。ポイントを追加しすぎると複雑になるので注意しましょう。

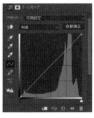

補正前の状態

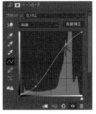

2つのポイントを追加し、S字を描くようにハイライトよりのポイントを明るく、シャドウよりのポイントを暗くすることで、コントラストを強くする

2つのポイントを追加し、逆S字を描くようにハイライトよりのポイントを暗く、シャドウよりのポイントを明るくすることで、コントラストを弱くする

 調整レイヤー「トーンカーブ」を作る

実際にトーンカーブを使って写真を補正していきましょう。まずは調整レイヤーを作成します。

① 練習用ファイル「3-6.psd」を開きます。［塗りつぶしまたは調整レイヤーを新規作成］ボタンをクリックし❶、［トーンカーブ］を選択します❷。

② ［背景］レイヤーの上に［トーンカーブ］の調整レイヤーができました❸。

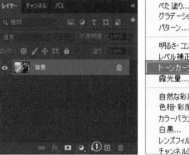

トーンカーブを調整する
ポイントを打つ

トーンカーブを調整する起点となるポイントを追加して、下準備をしましょう。シャドウとハイライトの間に2点ポイントを追加していきます。

① 線上をクリックして、右から明るいところを調整するポイント❶、暗いところを調整するポイント❷を打ちます。

 ここでは2つのポイントを打ちましたが、調整したい内容によってポイントの数や位置を変えましょう。

明るいところを調整する

この写真はコントラストが強いので、やわらかい印象にするために、まずは明るすぎる箇所(鼻筋や髪の毛の光が当たっている箇所)を少し暗くして明暗の差を少なくしていきます。前の手順で作成した明るいところを調整するポイントを下にドラッグすることで、明るすぎる箇所を暗くできます。

明るいところ

① 右から2つ目の明るいところを調整するポイントを右図を参考に下にドラッグします❶。

> [入力][出力]に直接数値を入力しても調整できますが、まずは画像を見ながらポイントをドラッグして調整しましょう。

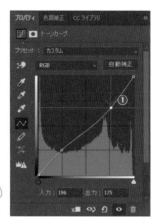

② 写真の明るいところがやや暗くなりました。

> 鼻筋や髪の毛の光が当たっている部分が少し暗くなったのがわかります。

暗いところを調整する

次に、暗い部分(髪の毛の暗い部分など)を明るくして、コントラストをさらに弱めていきます。暗いところを調整するポイントを上にドラッグすることで、暗い部分を明るくしていきます。

暗いところ

 ① 左から2つ目の暗いところを調整するポイントを上にドラッグします❶。

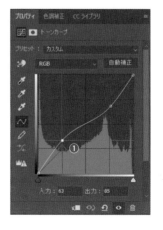

できた！ 暗いところが明るくなり、コントラストの弱まったやわらかい印象の写真になりました。

もっと
知りたい！

● ［レベル補正］を使って写真の印象をやわらかくしよう

［レベル補正］の調整レイヤーを使って、このレッスンと同じように、コントラストを弱めて写真の印象をやわらかくする方法を紹介します。

［レベル補正］のパネルにある明るさを調整する3つのスライダーは入力レベルといい❶、その下のグラデーションで表されるスライダーは出力レベルといいます❷。

出力レベルの白いスライダーを黒に寄せると写真の明るい部分が暗くなり、黒いスライダーを白に寄せると写真の暗い部分が明るくなります。この特性を使って、先ほどのレッスンと同じように、コントラストを弱めることができます。

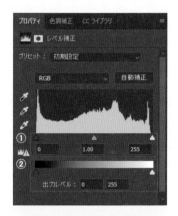

① 出力レベルの白いスライダーを左にドラッグして❸、写真の一番明るいところをやや暗い設定にします。ここでは「230」に設定しました。

② 黒いスライダーを右にドラッグして❹、写真の一番暗いところをやや明るい設定にします。ここでは「20」に設定しました。

③ 全体的に暗くなってしまうので入力レベルで中間のスライダーを左にドラッグして❺、やや明るく調整します。ここでは「1.20」に設定しました。

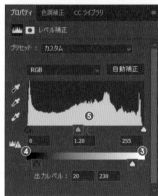

④ コントラストを弱めることができました。

Before　　　　　　　　　　After

トーンカーブを使った方法より、ハイライトが少し暗くなってしまいますが、やわらかく女性らしい雰囲気が出せました。

066

CHAPTER 3
LESSON 7

#自動補正

自動で写真の色を補正しよう

自動補正の機能を使って写真の色味を補正する方法を解説します。

動画でもチェック！
https://dekiru.net/yps_307

練習用ファイル
3-7.psd

Before

After

写真：安藤きをく（Instagram：@kiwokuand）

実際の色味や明るさから離れてしまった色かぶりの画像や、すでにトーンがついている画像
は、自動補正の機能を使えば瞬時に補正できます。ここでは［自動トーン補正］の機能を使っ
て、コントラストのついた鮮やかな写真に自動で補正していきます。

レイヤーを複製する

このレッスンでは、調整レイヤーを使用せず、直接写真を補正しま
す。元の画像の状態を残しておきたいので、背景レイヤーを複製し
てから作業しましょう。

① 練習用ファイル「3-7.psd」を開きます。
［背景］レイヤーをドラッグして［レイヤーを新規作成］ボタ
ンの上でドロップします❶。

ここがPOINT

レイヤーをすばやく複製しよう！

レイヤーを選択した状態で Ctrl（ ⌘ ）＋ J キーを押すと複製でき
ます。ショートカットキーを覚えて時間を短縮しましょう。

② レイヤーを複製できました❷。

この複製した
レイヤーを補
正していきま
す。

RGBそれぞれの色の情報の層を、RGBチャンネルと呼びます。[自動トーン補正]はRGBチャンネルごとのコントラストを自動で強調します。コントラストを強めたい場合や色かぶりが気になる写真に使用します。

① 複製したレイヤーを選択し**❶**、[イメージ]メニューの[自動トーン補正]をクリックします**❷**。

できた！ 自動でトーンが補正され、コントラストが強調されたメリハリのある写真になりました。

もっと
知りたい！

● いろいろな自動補正機能を使おう

Photoshopにはほかにも自動で写真を補正できる機能があります。使用する機能によって、補正結果は異なります。いろいろな機能を試して、イメージ通りの結果になる方法を探しましょう。

[自動カラー補正]で補正する
画像のカラーの明るさと暗さの平均値を検出して色合いを補正します。
複製したレイヤーを選択し、[イメージ]メニューの[自動カラー補正]をクリックします。

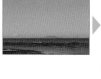

青みが抑えられ、かすみが晴れた

[レベル補正]の[自動補正]で補正する
シャドウ、中間調、ハイライトの補正を自動で行います。
調整レイヤー[レベル補正]を作成し、[自動補正]ボタンをクリックします。

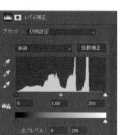

元の写真の印象を残しつつ、ややコントラストが強調された

[トーンカーブ]の[自動補正]で補正する
色味やコントラストの補正を自動で行います。
調整レイヤー[トーンカーブ]を作成し、[自動補正]ボタンをクリックします。

鮮やかさやコントラストが強調された

CHAPTER 3

#画像解像度

LESSON **8**

解像度を理解しよう

動画でもチェック！

https://dekiru.net/
yps_308

練習用ファイル
3-8.psd

解像度を理解すると、用途に合わせて画像のサイズや容量を調整できます。

画像解像度とは？

デジタルカメラなどで撮影した画像は、ピクセルという細かな点が集合してできています。このピクセルが1インチ四方に含まれる割合を解像度といい、pixel per inch（ppi）という単位で示します。この数値が大きいと高精細の画像になり、小さいと粗い画像になります。一般的に、Web用画像に求められる解像度は72ppi、印刷用画像に求められるのは350ppi程度です。Web用に作成した画像をそのまま印刷に流用すると、粗く、不鮮明になってしまうのは、このためです。

350ppi

印刷に適した解像度

72ppi

Webに適した解像度。ディスプレイでは綺麗に見えるが、印刷には不十分

72ppiは、1inchの中に、72個のピクセルが並んでいるということですね。

解像度を確認する

まずは画像の解像度がいくつなのかをPhotoshop上で確認してみましょう。

① 練習用ファイル「3-8.psd」を開きます。
［イメージ］メニューから［画像解像度］を選択します❶。

② ［画像解像度］ダイアログボックスが表示されます❷。［解像度］の項目を見ると、この画像の解像度が「350ppi」であることがわかります❸。画面左下のステータスバーを長押ししても❹、解像度を確認できます。

長押しすると、解像度やカラー情報などが表示される

LESSON
9

#画像解像度 #Web用画像の作成

Web用に解像度と
ピクセル数を変更しよう

動画でも
チェック!

https://dekiru.net/
yps_309

高解像度の画像をWeb用に調整してみましょう。解像度を下げることでデータの軽量化も望めます。

練習用ファイル
3-9.psd

Before　　　　　　　　　　　　　　　After

写真：Tomomi Sugimura (Instagram：@tomoranger5)

解像度が350ppi、幅4625px×高さ2969pxの画像を、Web用に72ppi、幅1500px
×高さ963pxの画像に変更してみましょう。

解像度を変更する

解像度を350ppiからWeb用に最適な72ppiに変更します。ここでは、幅1500pxの画像が必要と仮定して、幅を1500pxに設定しましょう。

① 練習用ファイル「3-9.psd」を開きます。[イメージ]メニューから[画像解像度]を選択し、[画像解像度]ダイアログボックスを開きます。

② [再サンプル]にチェックを入れ❶、[解像度]を「72」pixel/inchに設定します❷。

③ 続いて、サイズを変更します。
単位は「pixel」を選択し❸、[幅]に「1500」と入力します❹。縦横比が固定されているので、[幅]を変更すると自動的に[高さ]も変わります。[OK]ボタンをクリックします❺。

④ 72ppi、幅1500px×高さ963pxの画像になりました。

このレッスンのようにピクセルの数を変える場合は、[再サンプル]に必ずチェックを入れましょう。ピクセルの数は容量に影響します。チェックを外した状態で解像度を下げても容量は変わりません。

画面左下からも確認できます。

CHAPTER 3

#画像解像度　#印刷用画像の作成

LESSON
10

印刷用に解像度と
画像サイズを変更しよう

動画でも
チェック！
https://dekiru.net/
yps_310

練習用ファイル
3-10.psd

印刷用に解像度を変更してみましょう。用途に合わせたデータを作ることで、出力した際に意図通りの結果が望めます。

Before

After

写真：Tomomi Sugimura（Instagram：@tomoranger5）

印刷用に画像の解像度とサイズを変更してみましょう。ここでは、250ppi、152mm幅の画像を印刷用に350ppi、50mm幅に変更しましょう。サイズを小さくすることで自動的に解像度が高くなります。

サイズを変更する

まずは幅を50mmにします。縦横比が固定されているので幅を変更すると、連動して高さも変わります。

① 練習用ファイル「3-10.psd」を開きます。[画像解像度]ダイアログボックスを開き、[再サンプル]のチェックをはずします❶。

② 単位は[mm]を選択し❷、[幅]に「50」と入力します❸。縦横比が固定されているので、[幅]を変更すると自動的に[高さ]も変わります。

[幅]と連動して[高さ]も短くなります。またサイズを小さくしたことで1inchあたりのピクセル数が増え、解像度が高くなったこともわかります。

―― ここがPOINT ――

画像の再サンプルとは？

画像のピクセル数を変更することを「再サンプル」といいます。[再サンプル]にチェックを入れると解像度やサイズを変更したときにピクセルの数が変化します。
ピクセル数を減らすことをダウンサンプル、増やすことをアップサンプルといいます。
アップサンプルの例として解像度が72ppiの画像を350dpiにする変更する場合、足りないピクセルを自動で補ってくれます。ただし、ないものを周囲の画像を分析し合成して作り出しているため画像の劣化に注意しましょう。

次に解像度を変更しましょう。元の解像度は250ppiでしたが、サイズを小さくしたことで解像度が必要以上に高くなっています（前ページの手順①の画面参照）。これを印刷に適した350ppiまで下げます。

① [再サンプル]にチェックを入れ❶、[解像度]を「350」に設定します❷。[OK]ボタンをクリックします❸。

\ できた！/ 印刷に適した解像度350ppiで、50mm幅の画像に変更することができました。

● [再サンプル]の補間方式を理解しよう

画像のピクセル数を変更することを「再サンプル」というと説明しました。ピクセルをどのように追加、または削除するかは指定できます。初期設定では[自動]に設定されています。用途に合わせて補間方法を選択しましょう。

補間方法	説明
自動	最適な補間方法を自動で選択して行う。特に必要がない限り、この[自動]を選択する。
ディテールを保持	ノイズを抑えながら補間するので、ぼけにくく、シャープな印象を維持できる。
バイキュービック法	「ニアレストネイバー法」や「バイリニア法」よりも色調のグラデーションが滑らかになる。
ニアレストネイバー法	画像内のピクセルを複製する方法。エッジの部分がギザギザになる可能性がある。
バイリニア法	周辺ピクセルのカラー値を平均してピクセルを補間する方法。標準的な画質が得られる。

#RGB #CMYK

LESSON 11

カラーモードを理解しよう

Photoshopを使うときに設定しておく必要があるのが、カラーモードです。ここではRGB、CMYKの2つのカラーモードについて理解しましょう。

 RGBとは？

RGBとは、赤（Red）、緑（Green）、青（Blue）の3色の光でさまざまな色を表現するカラーモードで「光の三原色」といいます。テレビやパソコンの画面に映る画像はRGBによって表現されています。RGBの3色の光をかけ合わせると白になります。

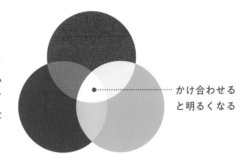

······ かけ合わせると明るくなる

 CMYKとは？

CMYKは、シアン（Cyan）、マゼンタ（Magenta）、イエロー（Yellow）、ブラック（Key plate）の4色でさまざまな色を表現するカラーモードです。印刷で使われるインキを模したモードであり、印刷物を作成する場合はCMYKに設定します。CMYの3色を「色の三原色」といいます。また、CMYをかけ合わせると黒になります。

······ かけ合わせると黒くなる

 カラーモードの変換方法

カラーモードは、［イメージ］メニューの［モード］から設定できます。また、ここでモードを選ぶと、元のカラーモードから選んだカラーモードに変換できます。

知りたい！

● **モノクロとグレースケールの違いを知ろう！**

Photoshopのカラーモードには、RGBとCMYKのほかにもさまざまなものがあります。よく使うものとして［グレースケール］と［モノクロ2階調］の違いを理解しておきましょう。［グレースケール］は、カラー情報を削除して黒から白までの濃淡の違いで表現するモードです。一方の［モノクロ2階調］は黒と白の2色だけで表現するモードで、グレースケールモードの画像から変換します。変換時に、グレーの部分を黒にするか白にするか設定できます。［モノクロ2階調］モードは、黒い文字をはっきり見せたい場合などに使います。

Photoshopの新機能、スーパー解像度

デジタルカメラやスマートフォンなどのデバイスの進化に伴い、画像の高解像度化も進んでいます。解像度が高くなればなるほど画像に含まれる情報量が増えて高精細になり、現実の景色と見違えるような表現が可能になります。スマートデバイスで写真や映像作品を見る機会が増える中、どれだけ高い解像度を実現できるかは、製品の差別化につながる要素の1つなのです。

そんな中、2021年のアップデートでPhotoshopに追加された機能に「スーパー解像度」があります。これは縦横の解像度を2倍にするという機能ですが、通常写真を2倍に引き伸ばしたら、それだけ粗い画像になってしまうところ、きれいさを保ったまま大きく表示できるのです。これまでもPhotoshopには、解像度を高くする際に自動的にピクセルを補完する再サンプルという機能がありましたが、スーパー解像度は、AI技術によってより自然な形で高解像度化を実現するものです。
この機能を使えば、画質が元から悪い素材であっても、比較的高いクオリティで高画質化できるようになります。また、引きで撮った写真を寄りでトリミングして拡大して使うようなケースでも活用できるでしょう。

このように説明すると、粗い画像をきれいにしてくれる夢のような機能に思えます。しかし、限度があるのも事実。画像によってはかえって不自然になったり、期待したような効果が得られなかったりということもあります。それでもPhotoshopの技術はアップデートごとに進化しています。これからどんどん精度が上がることに期待したいですね。

スーパー解像度の使用例

適用前　　　　　　　　　　　　　　　　　　　適用後

CHAPTER

4

選択範囲とマスクを
使いこなす

Photoshopでは、画像内の特定の部分だけ
色を変えたり、切り抜いたりできます。
その作業に欠かせないのが「選択範囲」と「マスク」です。
これらを使いこなすことで、
Photoshopでできることがぐんと広がります。

#選択範囲 #マスク

選択範囲とマスクの基礎知識

画像を加工するうえで欠かせない、選択範囲とマスクについて解説します。

選択範囲とは？

選択範囲とは、画像を加工したり、修正したりするために指定する範囲のことです。選択している部分は点線で囲まれます。この囲まれた部分を選択範囲といいます。

猫の瞳が選択されている

リンゴが選択されている

マスクとは？

マスクは「覆う」という意味で、画像をマスクすることで画像全体や特定の部分だけ覆い隠すことができます。何かを塗装するときに養生テープで塗りたくない部分を隠しますが、それと同じような役割です。Photoshopではブラシで塗ったり、選択した部分を塗りつぶしたりしてマスクを作成します。マスクはグレースケールで表され、黒は完全にマスクした状態、グレーはマスクが透過して画像が透けて見えている状態、白はマスクがかかっていない状態となります。

レイヤーで起こっていること

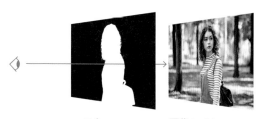

マスク
（レイヤーマスク）

画像レイヤー

ドキュメント上の見た目

被写体が切り抜かれたように見えますが、実際は被写体以外の部分がマスクで隠れている状態です。

選択範囲とマスクを組み合わせてできること

選択範囲とマスクは、密接な関係にあります。特定の部分を覆うマスクを作る場合、まずは選択範囲を作成して、それを利用してマスクを作ることができます。
下の例のように、選択範囲からマスクを作ることで被写体の形を切り抜いたように見せたり、マスクで覆った部分を除外して色調補正したりできます。

● 画像の一部を隠す

船だけを選択する

↓

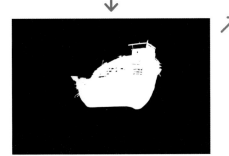

選択範囲外をマスクする

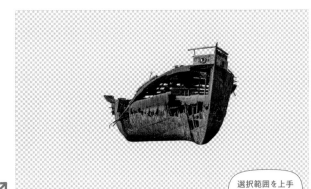

マスクした部分が隠れ、船だけが表示される

> 選択範囲を上手に作ることが、綺麗なマスクを作るコツです。

─ ここがPOINT ─

マスクは「黒で隠す、白で解除」と覚えよう

マスクは上の図のように選択範囲を黒で塗りつぶしたり、黒いブラシで塗ったりして作成できます。逆に隠したくない部分は白で塗りつぶします。

● 画像の特定の部分だけ色や明るさを変える

猫の目だけを選択する

↓

目以外をマスクして、全体に色調補正をかける

マスクされた部分は色調が変わらず、マスクしなかった目の部分だけ色調が変わる

> どちらの例も選択範囲の形にマスクを作ることによって成立しています。

マスクの種類を知ろう

Photoshopには3種類のマスクがあります。
それぞれの特徴を学んで、さまざまなシーンに合わせて使い分けられるようになりましょう。

● レイヤーマスク

レイヤーに対してマスクをかけるのがレイヤーマスクです。白から黒のグレースケール色を使って、画像の任意の部分を隠します。白と黒で作ったマスクは、黒い部分を隠し、白い部分を表示します。選択範囲から作るマスクは、主にこのレイヤーマスクになります。
レイヤーマスクの使い方 ➡ 81ページ

> 77ページの「選択範囲とマスクを組み合わせてできること」で紹介した2つの例もこのレイヤーマスクを使っています。

元の画像

レイヤーマスク

レイヤーマスクの黒い部分が隠れ、白い部分が表示される

● ベクトルマスク

ベクトルマスクとは、「パス」という線で囲んだ範囲から作ったマスクです。パスは直線や曲線を自由に描画できるので、工業製品などをマスクするのに適しています。
ベクトルマスクの使い方 ➡ 98ページ

元の画像

パス

パスで囲んだ部分が表示される

● クリッピングマスク

レイヤーの透明部分を利用したマスクです。下のレイヤーの透明部分で上のレイヤーをマスクします。マスクのサイズを指定できるため、厳密なピクセル数が求められるWebなどの場面でも役立ちます。
クリッピングマスクの使い方 ➡ 114ページ

上のレイヤー

下のレイヤー ······ 透明部分

下のレイヤーの透明部分がマスクされる

CHAPTER 4

#長方形選択ツール #レイヤーマスクの作成

LESSON 2

長方形の選択範囲を作ろう

動画でもチェック！

https://dekiru.net/yps_402

練習用ファイル
4-2.psd

ここからは、[長方形選択ツール]で選択範囲を作る方法を説明していきます。
選択したい範囲をドラッグするだけで簡単に四角形の範囲を選択できます。

左上の2つの額縁の周りに四角い選択範囲を作る　　　選択範囲以外をマスクした状態

このレッスンでは、[長方形選択ツール]を使って四角い選択範囲を作っていきます。写真の2つの額縁を選択してみましょう。「もっと知りたい！」では選択範囲外をマスクして隠す方法を紹介します。

長方形選択ツールで選択範囲を作る

[長方形選択ツール]を使って左上の額縁の周りに選択範囲を作ります。

① 練習用ファイル「4-2.psd」を開きます。ツールパネルの[長方形選択ツール]をクリックします❶。

② 選択したい額縁の左上の角から右下の角まで対角線を描くようにドラッグします❷。

③ 左上の額縁の周りに選択範囲ができました。

画像を拡大すると選択しやすくなります。拡大したい部分にマウスポインターを合わせて[Alt]([option])キーを押しながらマウスのホイールを回転すると拡大縮小できます。

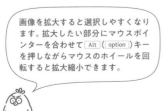

選択範囲を追加する

選択範囲は複数作ることができます。隣の額縁も追加で選択してみましょう。

① 左の額縁が選択されていることを確認し、[長方形選択ツール]で Shift キーを押しながら選択したい範囲をドラッグします❶。

\できた！/ 2つの額縁の周りに選択範囲ができました。

ここがPOINT

選択範囲を重ねて選択範囲を変更しよう

手順1では離れた箇所に選択範囲を追加しましたが、[長方形選択ツール]で選択した範囲を重ねてドラッグすることで選択範囲を広げたり狭めたりできます。

追加

shift キーを押しながらドラッグすると、選択範囲を追加できます。右の画像のように選択する場所を重ねれば、選択範囲をつなぎ合わせることも可能です。

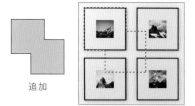

除外

Alt （ option ）キーを押しながらドラッグすると、重なった部分が選択範囲から除外されます。

交差

Shift キーと Alt （ option ）キーを押しながらドラッグすると、交差した部分にだけ選択範囲を作れます。

もっと
知りたい！

● [長方形ツール]で選択した範囲外をマスクする

このレッスンで作った選択範囲を使ってマスクを作成してみましょう。

マスクを作成することで、額縁がどこまできれいに選択されているかを確認できます。

1 ［長方形選択ツール］で額縁を2つ選択した状態で❶、［レイヤー］パネルの［マスクを追加］ボタンをクリックします❷。

2 選択範囲の周りにマスクが作成され、非表示（透明な状態）になりました。拡大して、狙いどおりの位置がきちんとマスクされているか確認しましょう。

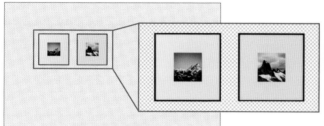 

3 右図のようにマスクがずれている場合は❸、レイヤーマスクサムネールを選択した状態で❹ずれている部分に選択範囲を作り❺、その部分を［ブラシツール］などで黒く塗りつぶしてマスクを修正しましょう。

マスクが狙った位置からずれている

> レイヤーサムネールの右側にあるのがレイヤーマスクサムネールで、このレイヤーに対してレイヤーマスクが適用されていることを表しています。マスクの編集はレイヤーマスクサムネールを選択して行います。

レイヤーサムネール
レイヤーマスクサムネール

マスクが修正された

#クイック選択ツール

境界線から
選択範囲を作ろう

動画でも
チェック！

https://dekiru.net/
yps_403

［クイック選択ツール］を使うと、ドラッグした箇所の境界線を自動で判別して選択範囲を作成
できます。

練習用ファイル
4-3.psd

ミルクの入ったカップの選択範囲を作る

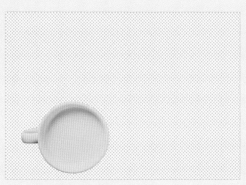

カップ以外をマスクした状態

このレッスンでは［クイック選択ツール］を使って選択範囲を作ります。［クイック選択ツール］で選択したい
対象をドラッグすると、自動で境界線を判別して選択範囲が拡大します。たとえばこの画像の場合、ミルクの
入った白いカップをドラッグすると、周囲のコーヒー豆との境界線を判別して、自動的に白いカップの部分
だけに選択範囲を作成します。

［クイック選択ツール］で選択範囲を作る

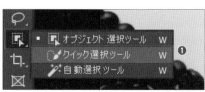

1 練習用ファイル「4-3.psd」を開きます。
ツールパネルの［クイック選択ツール］を選択します❶。

2 ミルクが入ったカップの取っ手のあたりをドラッグし
てみましょう❷。

> ［クイック選択ツール］を選択するとマウスポインターの形が
> ⊕に変化します。これはブラシに切り替わったことを表して
> います。ブラシはサイズを変更できるので、選択したい対象よ
> りも小さく設定しましょう。右ページの「もっと知りたい！」
> の❸からブラシサイズを変更できます。

ブラシサイズ：30px

3 取っ手の選択範囲ができました❸。

4 続けて、カップの丸い部分をドラッグします❹。

─ ここがPOINT ─

選択範囲を修正するときは？

選択範囲が意図した範囲からはみ出してしまった場合は、[Alt]（[option]）キーを押しながらドラッグすると❶、その部分の選択を解除できます。

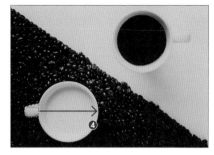

\できた！/ すると選択範囲が拡大して、カップ全体を選択できました。
81ページを参考にマスクも作成し、正しく選択できたか確認してみましょう。

境界線がはっきりしない画像の場合、クイック選択ツールはうまく機能しないので注意しましょう。たとえば、右上のコーヒーが入ったカップに対してクイック選択ツールを使っても、背景の白とカップの白の境界があいまいなので、カップに沿った選択範囲を作れません。

カップ以外をマスクした状態

（もっと）
\ 知りたい！/

● クイック選択ツールのオプションバーを使いこなそう

選択範囲を作成したい画像に合わせて［クイック選択ツール］のオプションを設定しましょう。

| 🏠 | 🖌️ | ❶ | ❷ | ❸30 | ❹ △0° ☐全レイヤーを対象 ☐エッジを強調 | 被写体を選択 ❺ | 選択とマスク... ❻ |

❶選択範囲に追加……オンにするとブラシのマウスポインターに「+」が表示され、画像をドラッグするごとに選択範囲を追加できる状態になります。初期設定でオンになっています。

❷現在の選択範囲から一部削除……クリックするとブラシのマウスポインターに「-」が表示され、現在の選択範囲からドラッグした部分を削除できる状態になります。［選択範囲に追加］選択した状態で、[Alt]キーを押しながらドラッグするのと同じ効果です。

❸ブラシの設定……ブラシの種類、硬さ、サイズなどを選べます。

❹全レイヤーを対象……チェックを入れると、すべてのレイヤーを対象に選択範囲を作成します。

❺被写体を選択……オンにすると、画像の被写体を自動で判別して選択範囲を作ります。
詳細 ➡ 99ページ

❻選択とマスク……オンにすると、［選択とマスク］のワークスペースに切り替わります。
詳細 ➡ 101ページ

CHAPTER 4

LESSON 4

#自動選択ツール

似た色から選択範囲を作ろう

動画でもチェック！

https://dekiru.net/yps_404

[自動選択ツール]を使うと、クリックした位置の近似色から自動で選択範囲を作ることができます。

練習用ファイル
4-4.psd

空の選択範囲を作成

花以外をマスクした状態

このレッスンでは[自動選択ツール]を使って選択範囲を作成します。[自動選択ツール]はクリックした位置の近似色（似た色）から自動で選択範囲を作成します。ここでは花の背景の空の選択範囲を作成し、それを反転することで、花の選択範囲を作成します。

自動選択ツールは、このレッスンの作例のように、背景が単色の画像の選択範囲を作成するのに適しています。

▦ [自動選択ツール]で選択範囲を作る

① 練習用ファイル「4-4.psd」を開きます。
ツールパネルの[自動選択ツール]をクリックします❶。

② オプションバーの[許容値]を「100」に設定し❷、[アンチエイリアス]にチェックを入れ❸、[隣接]のチェックを外します❹。

オプションバーの詳細についてはこのレッスンの「もっと知りたい！」で詳しく説明します。

③ 青空の部分をクリックします❺。

④ 青空を選択できました。

空は青一色に見えますが、よく見ると異なる色味の青が混ざっていることがわかります。近似色の設定によって、クリックした部分の青と近い色味の青まで含めて選択されます。

空が点線で囲まれた

選択範囲を反転する

空の選択範囲を反転して、花の部分の選択範囲を作りましょう。

① ［選択範囲］メニューから［選択範囲を反転］を選択します❶。

選択範囲(S) フィルター(T) 3D(D) 表示
すべてを選択(A)	Ctrl+A
選択を解除(D)	Ctrl+D
再選択(E)	Shift+Ctrl+D ❶
選択範囲を反転(I)	Shift+Ctrl+I
すべてのレイヤー(L)	Alt+Ctrl+A

─ ここがPOINT ─

反転とは？

反転の機能を使うと、選択している部分と選択していない部分が入れ替わります。

反転のショートカットキーは Ctrl（⌘）+ Shift + I キーです。

選択範囲　→反転→　選択範囲

＼できた！／ 花の部分の選択範囲ができました。
81ページを参考にマスクも作成し、正しく選択できたか確認してみましょう。

空をマスクした状態

● 自動選択ツールのオプションを知ろう

許容値： 100　☑ アンチエイリアス　□ 隣接　□ 全レイヤーを対象
　　　　　❶　　　　❷　　　　　　❸　　　　❹

❶ 許容値

数値が小さいほど、クリックしたピクセルに近い色味が選択され、大きいほど選択される色味が広がります。

右の画像のように色味に差がある背景を選択する場合、「20」に設定すると選択する色味が絞られるため一部しか選択されません。背景全体を選択するにはこの画像の場合「150」まで上げる必要があります。

ここをクリック

許容値：20
やや暗い青の部分をクリックすると明るい青の部分は選択されない

ここをクリック

許容値：150
やや暗い青の部分をクリックすると明るい青の部分も含め、背景全体が選択される

❷ アンチエイリアス

チェックを入れると、選択範囲の境界線のエッジをなめらかにします。マスクを作成してみるとよくわかります。

チェックを入れるとエッジが滑らか

チェックをはずすとエッジがギザギザ

❸ 隣接

チェックを入れると、クリックした位置のピクセルと隣接している部分だけで選択範囲を作ります。このレッスンの画像のように、花の隙間からのぞく空の部分など、クリックした位置から飛び地にある色も選択したい場合は、チェックをはずしましょう。

チェックを入れるとクリック位置に隣接していない飛び地は選択されない

チェックをはずすと、クリック位置に隣接していない飛び地も選択される

❹ 全レイヤーを対象

チェックを入れると、すべてのレイヤーを対象に近似色で選択範囲を作成します。選択しているレイヤーのみ選択したい場合はチェックをはずしましょう。

チェックを入れると、特定のレイヤーを選択していても、すべてのレイヤーが選択範囲作成の対象になる

すべてのレイヤーの花を除く、空が選択された

チェックをはずすと、選択しているレイヤーのみ選択範囲作成の対象になる

選択しているレイヤーの花を除く、空が選択された

CHAPTER 4

LESSON 5

#クイックマスク #色相・彩度の調整

クイックマスクモードを使って選択範囲をすばやく作ろう

動画でもチェック！

https://dekiru.net/yps_405

練習用ファイル
4-5.psd

クイックマスクモードを使うと、選択範囲をすばやく作ることができます。

クイックマスクで目だけをマスク

マスクを利用して選択範囲を作成

選択範囲の色を変える（もっと知りたい！）

このレッスンでは、猫の目の部分だけを選択します。クイックマスクモードを使うと、ブラシでドラッグした範囲がマスクされます。選択範囲の反転機能と組み合わせることで、狙った部分だけをすばやく選択できます。90ページの「もっと知りたい！」ではその選択範囲を利用して、猫の青い目の色を黄色に変えてみましょう。

クイックマスクモードとは？

クイックマスクモードとは、ブラシなどを使ってすばやくマスクを作る機能です。クイックマスクモードにしてブラシを使って塗りつぶすと、その部分がマスクされます❶。あとは通常のモードに切り替えれば、その部分をのぞいた範囲が選択されます❷。一から選択範囲を作成することはもちろん、すでに作成している選択範囲をこの機能を使って編集することもできます。

クイックマスクモードで塗りつぶした箇所は半透明の赤色でマスクされる

通常モードに戻すと塗りつぶした部分（手前の花）以外が選択されている

クイックマスクモードに切り替える

まずクイックマスクモードに切り替えましょう。

① 練習用ファイル「4-5.psd」を開きます。
ツールパネルの［クイックマスクモードで編集］
をクリックします①。［レイヤー］パネルの背景レイヤーが赤く表示され②、モードが切り替わったことがわかります。

ブラシを設定し、マスクを作成する

ブラシを使って、猫の目の部分を塗りつぶしてマスクを作成します。塗りやすいように
ブラシの直径と硬さをオプションバーで設定しましょう。

① ツールパネルから［ブラシツール］を選択します
①。

② オプションバーの②をクリックします。ブラシの設定画面が表示されるので、猫の目頭など、細かい部分もさっと選択しやすい大きさに設定します。ここでは［直径］を「35px」としました③。［硬さ］は、なじみやすいように「50%」に設定しました④。

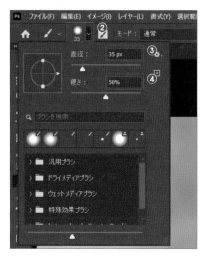

ここがPOINT

ブラシの硬さとは？

ブラシの硬さは、ブラシのぼかし具合を表します。数値を低くするほどブラシのエッジが柔らかくなり、境界線をぼかすことができるので、より自然な選択範囲が取得できます。

硬さ:0% ──── 硬さ:100%

③ ［描画色］を黒にして⑤、猫の目をドラッグします
⑥。

> 画面を拡大して、
> 塗りましょう。

ここがPOINT

黒で塗り、白で消そう！

塗り間違えた場合は［描画色と背景色を入れ替え］をクリックし①、［描画色］を白に切り替え②、間違えた部分をドラッグして消します③。切り替えのショートカットは、xキーです。
また描画色が白黒に設定されていないときは［描画色と背景色を初期設定に戻す］をクリックしましょう④。

あとちょっと！

（4） 左右の目をドラッグして塗りつぶします。

（5） ［画像描画モードで編集］をクリックします❼。
選択範囲が作成できました。

猫の目以外の部分が選択された

選択範囲を反転する

クイックマスクモードでマスクした箇所以外が選択範囲となっています。
選択範囲を反転させることで、猫の目の部分が選択範囲になります。

（1） ［選択範囲］メニューの、［選択範囲を反転］をクリックします❶。

＼ できた！／ 猫の目の部分が選択されました。

ここがPOINT

［選択範囲を反転］を使いこなそう！

クイックマスクモードでマスクを作成
したあと通常モードに戻すと、マスクし
た箇所以外が選択範囲となっています。
このレッスンのように画像の中の小さ
な部分を選択したい場合、それ以外を塗
りつぶしてマスクしていると時間がか
かります。選択範囲を反転することで、
少ない手順で効率よく作業できます。

選択範囲を反転しない場合、選択
範囲を作りたい箇所以外すべてを
マスクする必要がある

選択範囲を反転する前提の場合、
マスクも選択範囲を作りたい箇所
のみでよい

● 選択範囲を使って色調補正しよう

このレッスンで作成した選択範囲を使って猫の目の
色を変えてみましょう。選択範囲を作成した状態で
調整レイヤーを作成すると、調整レイヤーにマスク
が付きます。マスク付きの[色相・彩度]の調整レイ
ヤーを作成して、猫の目の色を水色から黄色に変え
てみましょう。

（1）ネコの目を選択した状態で❶、[塗りつぶ
しまたは調整レイヤーを新規作成]ボタ
ンをクリックし❷、[色相・彩度]を選択
します❸。

（2）[色相・彩度]の調整レイヤーを作成でき
ました❹。

調整レイヤーにレイヤー
マスクサムネールがつい
ていますね。

（3）目の色を黄色にしてみましょう。[プロパ
ティ]パネルで[色相]を「-160」❺、[彩度]
を「-20」❻に設定しました。

（4）猫の目が黄色になりました。

[色相・彩度]の変更は白や
黒、グレーなど色を持たない
箇所には影響しません。猫の
目の瞳孔部分には色の変化
がないことがわかります。

動画でも
チェック！

https://dekiru.net/
yps_406

練習用ファイル
4-6.psd

CHAPTER 4

LESSON
6

#色域指定 #色相・彩度の調整

特定の色を選択して色を変えよう

ここからは、自動で特定の色を選択できる［色域指定］について解説していきます。

Before

After

[色域指定]を使うと、指定した色を基準に選択することができます。画像全体から指定した色を自動で判定するので、境界線があいまいなものや、映り込みの色などもきれいに選択できます。自動選択ツールよりも細かい調整が可能です。このレッスンでは画像のオレンジ色をだけを選択して色を変えていきます。［色域指定］で選択しきれない部分はマスクを調整して、選択漏れを補います。

［色域指定］で選択範囲を作る

［色域指定］機能を使って、画像のオレンジ色の部分だけを選択します。

① 練習用ファイル「4-6.psd」を開きます。［選択範囲］メニューの［色域指定］をクリックします❶。

② ［色域指定］ダイアログボックスが開きます。
［選択］が［指定色域］に❷、［カラークラスタ指定］がオフになっていることを確認します❸。

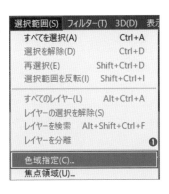

③ 右図を参考に、画像のオレンジ色の部分をクリックします❹。プレビュー画面に選択されている箇所が白く表示されます❺。

④ 影の部分や、グラスの縁の映り込みまで選択されるように[許容量]のスライダーをドラッグします❻。ここでは「140」に設定しました❼。調整が終わったら[OK]ボタンをクリックします❽。

ここがPOINT

許容量とは？

「許容量」を変更することで、選択範囲に含まれる色の範囲を調整できます。数値を大きくするほど選択する色の範囲が広くなります。

影や、グラスの縁に映り込んだ
オレンジ色まで選択されている

⑤ オレンジ色の部分が選択できました。

ここがPOINT

**サンプルカラーを
追加、削除して
調整する**

[許容量]を調整しても、ねらった色が選択できないときは[サンプルに追加]をクリックして❶、画像の選択したい部分をクリックします❷。すると選択する色が増えて、選択範囲が広がります。

左図より選択する色が増えて選択範囲が広がった

逆に、必要のない箇所が選択されてしまった場合は[サンプルから削除]をクリックして❸、画像の選択から削除したい部分をクリックします❹。一回のクリックで、削除されない場合は何度かクリックします。
すると選択する色が削除されて、選択範囲が狭くなります。

左図より選択する色が減って選択範囲が狭くなった

選択した部分の色を変える

[色相・彩度]の調整レイヤーを使って、選択範囲の色を変えていきます。

① [色相・彩度]の調整レイヤーを追加します❶。ここでは、[色相]を「-80」に、[彩度]を「+15」に設定しました❷。
調整レイヤーの作成 ➡ 90ページ

② オレンジ色の部分がピンク色に変わりました。

 調整レイヤー全体の色が変わっていますが、マスクで隠れている部分は変化が表れていないということです。

マスクを調整する

画像をよく見ると、わずかにオレンジ色が残っている部分があります。これは[色域指定]では選択しきれなかった選択漏れの部分です。これをブラシを使って塗りつぶして、選択範囲を広げることで、オレンジ色が残っているところをピンク色に変えていきます。

色残り

① レイヤーマスクサムネールをクリックします❶。

② [ブラシツール]🖌を選択し、描画色を白に設定します❷。画像のオレンジ色が残っている部分をブラシで塗りつぶします❸。

右の図ではグラスの上と下の部分の色残りが気になりますが、[色域指定]の調整によって、色残りの部分は変わります。全体的にチェックしましょう。

＼できた！／ オレンジ色が残っていた部分がピンク色に変わりました。

LESSON
7

#ペンツール #ベクトルマスク

パスから選択範囲を作ろう

[ペンツール]でパスを描き、そのパスから選択範囲を作成する方法を解説します。

動画でも
チェック!

https://dekiru.net/
yps_407

練習用ファイル
4-7.psd

文字盤の選択範囲を作成

文字版以外をマスクした状態

Photoshopにはパスから選択範囲を作成する機能があります。まずは[ペンツール]でパスを描く練習をします。[ペンツール]の使い方を学んだら、腕時計の画像に選択範囲を作成していきます。文字盤に沿ってパスを描き、そのパスから選択範囲を読み込みましょう。

[ペンツール]は、直線や整った曲線を描くのが得意です。工業製品やエッジのはっきりしたものを選択するときにこの方法を使いましょう。

パスとは？

[ペンツール]で描く線や[長方形ツール]などで作成した図形の輪郭線のことを「パス」といいます。パスは、アンカーポイント（点）とセグメント（線）、方向線、方向点で構成されています。

セグメント

アンカーポイント　　　方向線　　　方向点

パス

アンカーポイントと方向線の関係

イメージは綱引きです。アンカーポイントは支点、方向線は、力が掛かる方向を示す線です。方向線を伸ばせば、その方向に力がかかるように、セグメントが引っ張られる形になります。

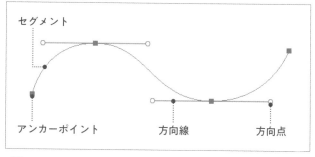

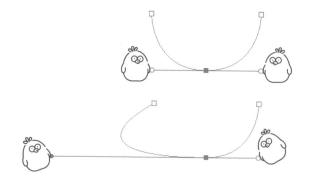

[ペンツール]で三角形を描く

[ペンツール]を使って、まずは直線だけで構成される三角形のパスを描いてみましょう。直線で構成される図形は、図形の頂点を打つだけで作成できます。

① [ファイル]メニューの[新規]を選択して新規ドキュメントを作成します。
新規ドキュメントの作成 ➡ 23ページ

② ツールパネルから[ペンツール]を選択します❶。オプションバーで[パス]を選択します❷。

③ ドキュメント上の任意の場所をクリックし❸、さらに別の場所をクリックすると❹、2点が自動的に直線でつながります。

④ 次に3点目をクリックすると❺三角形の2辺ができました。

⑤ 最初にクリックした点にマウスポインターを近づけるとマウスポインターの形が🖋。になるので、その位置でクリックします❻。3つのアンカーポイントと3本のセグメントで構成された三角形ができました。

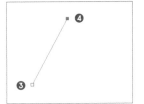

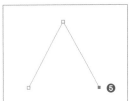

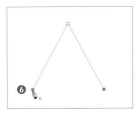

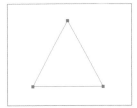

[ペンツール]で円を描く

次に曲線を使って円を描いてみましょう。円は4つのアンカーポイントで描くことができます。方向線を操作しながら4つのアンカーポイントを右回りに描いていきます。

① 始点となる位置をクリックし、クリックしたまま上方向にドラッグします❶。アンカーポイントが作成され、そこから両側に方向線が伸びます。

┌─ ここがPOINT ──────
方向線の方向を制限しよう

Shift キーを押しながらドラッグすると、方向線の方向を45度刻みに制限することができます。45度刻みにすることで、均衡のとれた円を描きやすくなります。
└──────────────

② 次に2つ目の点の位置をクリックし、クリックしたまま右方向にドラッグします❷。2つ目のアンカーポイントが作成できました。

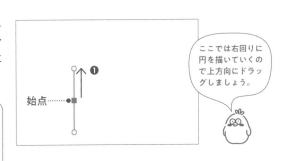

ここでは右回りに円を描いていくので上方向にドラッグしましょう。

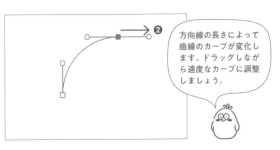

方向線の長さによって曲線のカーブが変化します。ドラッグしながら適度なカーブに調整しましょう。

③ 3つ目と4つ目のアンカーポイントも同じように作成します。

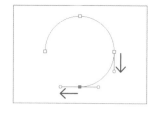

④ 最初のアンカーポイントをクリックすると③、パスが閉じて、円ができました。

パスを編集する

ここからはパスを編集して形を変える方法を解説します。前に作成した円を編集して変形させてみましょう。

① ツールパネルの[パス選択ツール]を選択します①。

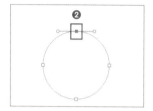

② 一番上のアンカーポイントをクリックし、選択します②。選択したアンカーポイントを上にドラッグすると③、円の形が卵形になります。

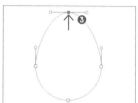

③ また、方向点をドラッグして④、方向線の長さや角度を変えると⑤、その方向にある曲線が変形します。

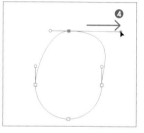

― ここがPOINT ―

アンカーポイントの追加・削除・切り替えをマスターしよう

アンカーポイントを追加・削除してパスを編集することもできます。
[ペンツール]を選択し、セグメント上にマウスポインターを合わせて「+」が表示されたところでクリックすると①、アンカーポイントが追加されます②。
削除したいアンカーポイントにマウスポインターを合わせて「-」が表示されたところでクリックすると③、アンカーポイントが削除されます④。

また、直線を曲線に切り替えたいときは、[アンカーポイントの切り替えツール]を選択し⑤、直線を構成するアンカーポイントをクリックし⑥、そのままドラッグすると⑦、方向線が伸び曲線になります。逆に曲線を直線にしたい場合は方向線の伸びるアンカーポイントをクリックします⑧。

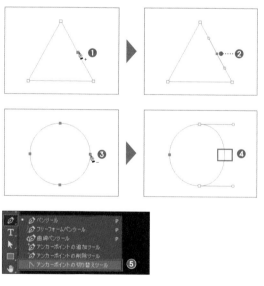

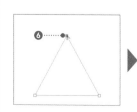

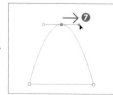

［ペンツール］で円形のパスを作る

［ペンツール］を使って右側の腕時計の文字盤をトレースして円形のパスを作ります。
前ページで練習した円の描き方を参考に右回りにパスを作成していきます。

1 練習用ファイル「4-7.psd」を開きます。
［ペンツール］で始点となる位置をクリックし、
Shift キーを押しながら、右上方向にドラッグしま
す**①**。方向線が図のように伸びたらドロップします。

Shift キーを押すことで
方向線の角度が制限され
ます。

画像を拡大して作業しましょう。

2 同じように、次のアンカーポイントを円を4等分す
る位置に作成します**②**。

時計の目盛りを目安に
円を4等分する位置を
決めましょう。

3 3つ目**③**と4つ目**④**のアンカーポイントも同じよう
に作成します。最初のアンカーポイントをクリック
して**⑤**、パスを閉じます。

4 線がつながり、円形のパスができました。

トレース位置がずれている
場合は96ページを参考に
アンカーポイントや方向線
を調整しましょう。

パスから選択範囲を作る

［パス］パネルから、パスの形を基準とした選択範囲を作ります。

① ［パス］パネルをクリックします❶。
［作業用パスを］クリックし❷、［パスを選択範囲として読み込む］
をクリックします❸。

できた！ パスが選択範囲として読み込まれ、文字盤の部分に選択範囲ができました。
81ページを参考にマスクを作成してみましょう。

選択範囲を利用して、［色相・彩度］の調整レイヤー
で色を変えることもできます。
ECサイトなどで商品のカラーバリエーションを
イメージとして見せるときにも役立ちます。

もっと
知りたい！

● ベクトルマスクを作ろう

このレッスンではパスから選択範囲を作成しましたが、パスからベクトルマスクを作成することもできます。ベクトルマスクはペンツールや長方形ツールなどで作成したパスの形で画像をマスクします。ここでは97ページのパスを作成した手順からベクトルマスクを作成する方法を解説します。

① パスを作成したら、［ペンツール］を選択した状態で❶、オプションバーの［新規ベクトルマスクを作成］ボタンをクリックします❷。

② ベクトルマスクが作成され❸、パス以外の部分がマスクされました。

CHAPTER 4

LESSON 8

#被写体を選択

人物をすばやく選択しよう

動画でも
チェック！
https://dekiru.net/
yps_408

画像の被写体を検知して、自動で選択範囲を作成する［被写体を選択］機能を使ってみましょう。

練習用ファイル
4-8.psd

人物を選択

選択範囲以外をマスクした状態

［被写体を選択］は画像の中のメインの被写体と思われるものを検知して自動的に選択範囲を作成する機能です。おもに人物を選択したいときに使います。

Photoshop 2021以降、この機能の精度は、素晴らしいです。複雑な髪型も一瞬で選択できます。

［被写体を選択］で人物を選択する

［被写体を選択］で写真中央の人物の周りに選択範囲を作ってみましょう。

選択範囲(S)	フィルター(T)	3D(D)	表示
すべてを選択(A)			Ctrl+A
選択を解除(D)			Ctrl+D
再選択(E)			Shift+Ctrl+D
選択範囲を反転(I)			Shift+Ctrl+I
色域指定(C)…			
焦点領域(U)…			❶
被写体を選択			

1　練習用ファイル「4-8.psd」を開きます。
　　［選択範囲］メニューの［被写体を選択］をクリックします❶。

＼できた！／ 人物の部分に選択範囲ができました。
　　　　　　 81ページを参考にマスクを作成してみましょう。

細部が選択しきれていない場合など選択範囲を調整したい場合は101ページの［選択とマスク］を使いましょう。

┌─ ここがPOINT ─────────

［クイック選択ツール］や［自動選択ツール］のオプションからも被写体選択できる！

このレッスンでは［選択範囲］メニューから［被写体を選択］を選びましたが、［クイック選択ツール］や［自動選択ツール］を使うときに表示される、オプションバーの［被写体を選択］をクリックしても、同じ結果が得られます。

CHAPTER 4

LESSON 9

#選択とマスク

ふわふわしたものを マスクしよう

ふわふわした動物の毛を選択してマスクする方法を解説します。

動画でも
チェック!

https://dekiru.net/
yps_409

練習用ファイル
4-9.psd

Before

After

ふわふわした毛の動物や服など、背景との境界があいまいなものは、[クイック選択ツール]を使って、画像を
なぞって直感的に選択範囲を作ったあとで、境界線を調整していきます。毛の細部まで選択するには手動で
はなく、[選択とマスク]というワークスペースに切り替えてPhotoshopの自動処理機能を使います。

切り抜きたいエリアをざっくりと選択する

[クイック選択ツール]で犬の輪郭をなぞっていきます。[クイック選択ツール]は、対象
の境界を自動で識別して選択してくれます。

① 練習用ファイル「4-9.psd」を開きます。
[クイック選択ツール]を選択します❶。

② ブラシサイズは、とがった耳なども選択しやす
いように「50px」に設定しました❷。

③ 犬の右耳の先から輪郭に沿ってドラッグしてい
きます❸。

[クイック選択ツール]は途中
でマウスボタンを放しても、
続きから選択範囲を作成する
ことができます。

④ そのまま犬の輪郭を囲むようにドラッグすると、選択範囲が犬の身体全体に広がっていきます。

ここがPOINT

選択範囲を調整する

選択範囲を広げすぎた場合は、Alt キーを押しながらドラッグするとその部分の選択を解除できます。

この段階では、ざっくりとした選択範囲で大丈夫です。

[選択とマスク]に切り替える

ざっくりと作った選択範囲を、[選択とマスク]の機能を使って調整していきます。この機能では、Photoshopの自動調整機能を活用して、選択範囲を作成できます。動物の毛など、手動での選択が困難なものに適しています。[選択とマスク]ワークスペースに切り替えたら、選択範囲の表示方法を最適なものに変更しましょう。

① [クイック選択ツール]を選択した状態で、オプションバーの[選択とマスク]をクリックします❶。

[選択範囲とマスク]は[選択範囲]メニュー→[選択範囲とマスク]をクリックでも切り替えることができます。

② 選択範囲のプレビュー画面を画像に合った表示方法に切り替えます。[属性]パネルの[表示]をクリックして❷、[オーバーレイ]を選択します❸。

ここがPOINT

表示モードのオーバーレイとは？

選択範囲、または選択範囲以外を特定の色でマスクします。マスク部分の不透明度を変更できるので、選択範囲の境界を調整もしやすく便利です。

③ オーバーレイを以下のように設定します❹。

不透明度：50%
カラー：赤
表示内容：マスク範囲

画像が適度に見える程度の不透明度と色を設定しましょう。また表示内容は[選択範囲]か[マスク範囲]（選択範囲以外）を選べます。

選択範囲を調整する

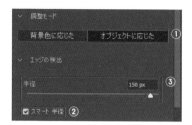

ここから犬の毛の細部を選択できるように選択範囲を
調整していきます。[調整モード]を選択したら、画像を
確認しながら、対象物の輪郭線を自動で検出する[エッ
ジの検出]と、より自然な選択範囲にするための[グロー
バル調整]の数値を変更します。

① [属性]パネルの[調整モード]を動物の毛などを
選択するのに最適な[オブジェクトに応じた]に
します❶。

[スマート半径]にチェックを入れると、
画像に合わせて、[半径]の幅を設定した
範囲内で自動で調整してくれます。

② [スマート半径]にチェックを入れ❷、画像の選
択範囲を確認しながら[エッジの検出]のスライ
ダーをドラッグして数値を設定していきます❸。
ここでは[半径]を「150px」に設定しました。す
ると毛の細部まで選択範囲が作成されました。

ここがPOINT

**半径の大きさが適当か確認する
ときは？**

[半径]は選択範囲の境界線の大き
さを設定します。境界がふわふわ
したものを選択する場合、ふわふわ
した部分が収まる大きさを設定す
る必要があります。[表示モード]
の[境界線を表示]にチェックを入
れると、設定した半径が可視化され
ます。選択したい部分が範囲内に
収まっているか確認しましょう。

半径:150px
[スマート半径]にチェックを入
れているので、150pxの範囲内
で境界線の幅が変動している

境界線

境界線の中に毛先ま
で収まっているのが
わかりますね。

---

③ 選択範囲をさらに微調整するために[グローバル
調整]の数値を設定していきます。ここでは以下
のように設定しました❹。

滑らかに:6
ぼかし:2.5px

グローバル調整の数値を変更したことで、よりふ
んわりとした選択範囲が作成できました。

調整前

調整後

選択範囲を出力する

自然な選択範囲が作成できたら、この選択範囲をどのように出力するかを設定します。
ここでは新規レイヤーとして表示しましょう。また［不要なカラーを除去］にチェック
を入れることで、毛と毛の間に残った背景色を除去して出力できます。

1 ［不要なカラーの除去］にチェックを入れ
❶、［量］を「50%」にします❷。

あと少し！
2 ［出力先］は［新規レイヤー（レイヤーマスク
あり）］を選択し❸、［OK］ボタンをクリック
します❹。

─── ここがPOINT ───

設定を保存したいときは？

同じような写真を何枚も切り抜くときは、
［設定を保存］にチェックを入れてから、
［OK］ボタンをクリックしましょう。次回
［選択とマスク］を開いたときに前の設定が
残っています。

╲できた！╱ ふわふわした毛の部分もきれいにマスクできました。

レイヤーマスクありの新規レイヤーで
出力された

もっと
╲知りたい！╱

● **さらに細かく選択範囲を
調整したい場合**

［境界線調整ブラシツール］を使うとさらに
選択範囲を微調整できます。［境界線調整ブ
ラシツール］とは、背景と被写体の境界を検
出するためのツールです。［選択範囲とマス
ク］ワークスペースで、［境界線調整ブラシ
ツール］をクリックして❶、境界線の検出が
あまい部分をドラッグします❷。

選択範囲を編集して
白い枠をつけよう

動画でも
チェック！

https://dekiru.net/
yps_410

選択範囲の縮小を利用して、画像に白い枠をつけて、アナログ写真風にしてみましょう。

練習用ファイル
4-10.psd

写真:yuuui（Twitter:@uyjpn）

このレッスンでは写真全体を選択したあと、［選択範囲を変更］を使って選択範囲をひとまわり小さく縮小します。縮小した選択範囲の外側にマスクを追加し、写真に白い枠をつけていきます。

一度作った選択範囲を縮小する

［選択範囲を変更］とは選択範囲に修正を加える機能です。1回の操作でうまく選択範囲が作れなかったときなどにも重宝します。

(1) 練習用ファイル「4-10.psd」を開きます。
　　Ctrl（⌘）+ A キーを押して画像全体を選択します。

(2) ［選択範囲］メニュー→［選択範囲を変更］→［縮小］をクリックします❶。

③ ［選択範囲を縮小］ダイアログボックスが開くので、縮小量を入力します。ここでは「25」pixelに設定しました❷。
［カンバスの境界に効果を適用］にチェックを入れて❸、［OK］ボタンをクリックします❹。

この縮小量は白枠の幅になります。好みの大きさにしましょう。

カンバスの境界部分に作成した選択範囲に対して、効果を適用する場合は［カンバスの境界に効果を適用］にチェックを入れます。このレッスンではカンバスの境界の選択範囲を縮小しようとしているのでチェックを入れておきましょう。

④ 指定した数値分、選択範囲が縮小されました。

ここがPOINT

選択範囲をいろんな方法で変更しよう

［選択範囲を変更］には、［縮小］のほかにもさまざまな機能があります。どのようなものか確認しておきましょう。
ここではわかりやすいように選択範囲以外をマスクしています。

境界線
境界線自体を指定した幅で選択範囲にする

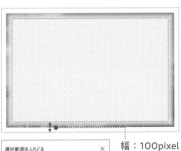

幅：100pixel

境界をぼかす
選択範囲の境界を指定した数値の分だけぼかす

滑らかに
選択範囲のがたつきをなめらかにする

※この例では角が丸くなっている

拡張
選択範囲を指定した拡張量の分だけ大きくする

※わかりやすくするために［拡張］の例のみ円の選択範囲にしています

マスクと塗りつぶしで
白い枠を作る

選択範囲以外をマスクし、切り抜いた状態
にします。そのレイヤーの下に白で塗りつ
ぶしたレイヤーを置くことで、白い枠がで
きます。

① ［レイヤー］パネルの［マスクを追加］
をクリックしてレイヤーマスクを追
加します。
これで選択範囲以外がマスクされま
した。
レイヤーマスクの追加 ➡ 81ページ

② ［レイヤー］パネルの［新規レイヤー］
をクリックし❶、新しいレイヤーを
作成します。新しいレイヤーは一番
下にドラッグします❷。

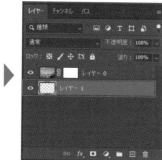

> この新規レイヤーを画像レイヤーの後ろに
> 敷いて白く塗りつぶすことで白枠にします。

③ ［編集］メニューから［塗りつぶし］
を選択します❸。

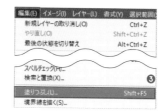

④ ［塗りつぶし］ダイアログボックス
で［描画色］をホワイトに設定し❹、
［OK］ボタンをクリックします❺。

> 塗りつぶしのショートカットを覚えておくと
> すばやく作業できます。背景色が白になって
> いることを確認して Ctrl + Back space （Macの場合は
> ⌘ + delete ）を押します。

\ できた！/ 白い枠ができました。

> 画像の周囲をマスク
> したため、下のレイ
> ヤーの白い部分が見
> えています。

CHAPTER 4　#チャンネル

LESSON 11

チャンネルを理解しよう

チャンネルの仕組みを理解すると、より複雑な選択範囲やマスクを作成できるようになります。

チャンネルとは？

画像の色や選択範囲などの情報をグレースケールで表したものを「チャンネル」といいます。

Photoshopで画像を開いて［チャンネル］パネルを確認してみましょう。カラーモードがRGBの画像の場合、右図のように［レッド］［グリーン］［ブルー］それぞれの色情報がグレースケールで表されます。

色情報が多いほど白く、少ないほど黒く表示されます。赤いリンゴの画像の場合、赤色の情報が多いので、［レッド］のチャンネルには白い部分が多いことがわかります。

3色を合わせたチャンネルを合成チャンネルといって、一番上に表示されています。［チャンネル］パネル上に最初から表示される、これらの色情報を表したチャンネルのことを「カラーチャンネル」といいます。

カラーチャンネル

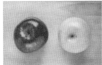

［レッド］チャンネル

［グリーン］チャンネル　　［ブルー］チャンネル

アルファチャンネルとは？

選択範囲や不透明度など、色以外の情報を持つチャンネルを「アルファチャンネル」といいます。カラーチャンネルが画像の色情報を表すのに対して、アルファチャンネルは画像の不透明度をグレースケールで表します。

マスクと同じように、不透明度が低い（＝透明に近い）ほど白く、高い（透明でない）ほど黒く表示されます。選択範囲の場合は、選択されていない部分は黒く、選択された部分は白くなります。

アルファチャンネルを編集するには、ブラシなどを使って黒白で塗りつぶします。

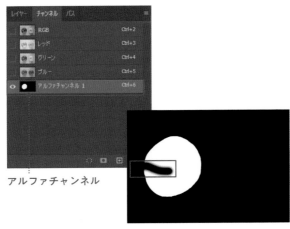

アルファチャンネル

アルファチャンネルはブラシツールで編集できる

アルファチャンネルの新規作成と保存方法

選択範囲やマスクは、アルファチャンネルに保存できます。

● 新規作成

[チャンネル]パネルの[新規チャンネルを
作成]ボタンをクリックすると❶、不透明度
100％の黒いアルファチャンネルが作成さ
れます❷。

● 選択範囲を保存

選択範囲を作成した状態で、[選択範囲]メニューから[選択範囲を保存]を選びます
❸。[選択範囲を保存]ダイアログボックスで名前を入力し❹、[OK]ボタンをクリック
します❺。すると[アルファチャンネル]として選択範囲が保存されます❻。

● マスクを保存

[レイヤー]パネルでレイヤーマスクや調整
レイヤーを作成すると❼、自動的にアルファ
チャンネルにもマスクが保存されます❽。

● カラーチャンネルを複製

カラーチャンネルは複製すると、アルファ
チャンネルとして使用できます。カラーチャ
ンネルをドラッグして[新規チャンネルを作
成]にドロップすると❾、複製できます❿。

> 次のレッスンでは、このカラー
> チャンネルを複製してアルファ
> チャンネルを作ってみましょう。

CHAPTER 4

#アルファチャンネル #レベル補正

動画でも
チェック！

https://dekiru.net/
yps_412

LESSON
12

アルファチャンネルを使って
複雑な形のマスクを作ろう

アルファチャンネルを編集することで、より複雑な選択範囲が作成できます。

練習用ファイル
4-12.psd

Before

After

選択範囲以外をマスクする

上の画像のように、複雑な被写体や、輪郭が細かな被写体を選択するには、アルファチャンネルを使いましょう。アルファチャンネルを塗りつぶしやブラシツールを使って編集します。それをもとに選択範囲を作成して、最後はマスクで切り抜きます。

自動機能の進歩には目を見張るものがありますが、まだすべてのシーンに対応できるほど完璧ではありません。このレッスンでは、どんなシーンにも対応可能な正確な選択範囲とマスクの作成方法を学びます。

パスから選択範囲を作る

まずは被写体をざっくりと選択します。ここでは作成済みのパスを選択範囲をとして読み込みます。

① 練習用ファイル「4-12.psd」を開きます。[パス]
パネルの[作業用パス]をクリックし❶、[パスを
選択範囲として読み込む]をクリックします❷。

② パスから選択範囲を読み込むことができました。

このパスは、筆者があらかじめ作成してアルファチャンネルとして保存したものです。

コントラストの強いアルファチャンネルを作成する

[ブルー]のカラーチャンネルを複製して、アルファチャンネルを作成します。このアルファチャンネルは、最終的に船を切り抜くためのレイヤーマスクを作成するときに使います。切り抜くところ、切り抜かないところをはっきりさせる必要があるので、レベル補正を使い白と黒のコントラストを強めます。

ここでは、コントラストが一番強い、[ブルー]のチャンネルを複製します。

① [チャンネル]パネルの[ブルー]チャンネルをドラッグして[新規チャンネル作成]ボタンの上でドロップします**①**。
アルファチャンネル[ブルーのコピー]が作成されました**②**。

この操作で作成したアルファチャンネルは「〜のコピー」という名前になります。

② [イメージ]メニュー→[色調補正]→[レベル補正]を選択します**③**。

③ [レベル補正]ダイアログボックスが表示されるので、白と黒のコントラストがはっきりするように調整します。
ここでは以下のように設定しました**④**。

シャドウ：70
中間調：0.3
ハイライト：200

値が決まったら[OK]ボタンをクリックします**⑤**。

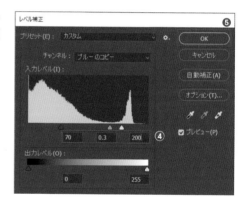

④ 白と黒のコントラストが強い[ブルーのコピー]ができました。

ここがPOINT

レベル補正の目安は？

シャドウの値を大きくしすぎると、輪郭がギザギザしたり、白にしたい箇所までつぶれて黒くなったりしてしまいます。輪郭が複雑な箇所を確認しながら、輪郭を滑らかに保ちつつ、コントラストが強くなる値にしましょう。

シャドウ：19.8
中間調：0.3
ハイライト：200

シャドウの値を大きくしすぎると、輪郭がつぶれてしまう

シャドウ：70
中間調：0.3
ハイライト：200

輪郭を滑らかに保ちつつ、コントラストが強くなっている

アルファチャンネルを白と黒で塗り分ける

レベル補正でコントラストを強くすることができました。ここからは、より精密なマスクとして使用するために、手作業が必要になります。被写体の船をより黒く、背景はより白くしていきます。ここでは、背景色で塗りつぶして一気に不要な部分を白くしてから、ブラシで微調整をします。

① ［選択範囲］メニューから［選択範囲を反転］を選択します**①**。
選択範囲が反転しました。

② 背景色を白に設定し**②**、背景色で塗りつぶします。ショートカットキー `Ctrl` + `Back space`（`⌘` + `delete`）キーを押します。
描画色と背景色の詳細 ➡ 137ページ

③ 船の外側を白で塗りつぶすことができました。
確認できたら `Ctrl` + `D` キーを押して選択を解除します。

④ 次に［ブラシツール］ 🖌 を選択し、オプションバーで［通常］モード、［不透明度］を「100%」、［流量］を「100%」に設定します**③**。

［流量］とはインクの量です。

⑤ 船の内側の黒くなりきっていない箇所を黒く塗りつぶしていきます**④**。

ブラシの大きさは塗りつぶす箇所によって適宜変更しましょう。

船底などグレーの部分を塗りつぶす

⑥ より細かな調整をするには［通常］モードから［ソフトライト］モードに変更したブラシを使います。描画色を白に設定し**⑤**、オプションバーで［モード］を［ソフトライト］に設定します**⑥**。

⑦ 画像を拡大し、輪郭部分に残っているグレーの部分を塗りつぶしていきます**⑦**。

［ソフトライト］モードを選択すると重ねた色によって明るい部分をより明るく、暗い部分は暗くすることができます。そのため、黒い箇所に白色を重ねても変化はなく、黒い部分を保護しながらグレーの部分を白く塗ることができます。

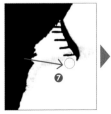

⑧ 船を黒く、背景を白く、塗り分ける
ことができました。

隅々まで拡大して、塗り残しがないかチェックしましょう。

アルファチャンネルから選択範囲を作る

作成したアルファチャンネルを利用して、選択範囲を作成します。

① Ctrl（⌘）キーを押しながら、ア
ルファチャンネルをクリックしま
す❶。白い背景部分が選択されまし
た。

Ctrl キーを押しながらアルファチャンネルやマスクサムネールをクリックすると、サムネールの白い部分が選択されます。

あとちょっと！

② 選択範囲を反転します。

┌─ ここがPOINT ─────────
反転のショートカットキー
Ctrl（⌘）＋ Shift ＋ I ですばやく反転
できます。
└────────────────────

③ ［レイヤー］パネルで、［マスクを追
加］をクリックします❷。

╲できた！╱ 複雑な形にマスクできまし
た。

CHAPTER 4

#クリッピングマスク #横書き文字ツール #フォントの追加

LESSON 13

クリッピングマスクを使おう

動画でもチェック！
https://dekiru.net/yps_413

クリッピングマスクを使って、画像レイヤーをマスクしてテキストの形を浮かびあがらせましょう。

練習用ファイル
4-13.psd

上のレイヤー

下のレイヤー ✚

> 透明とは、何も描画されていない部分のことです。Photoshopで画像を切り抜いたり、112ページのようにマスクで隠したりしてもその部分が透明になります。

透明部分

[クリッピングマスク] は下のレイヤーの透明部分で上のレイヤーをマスクする機能です。このレッスンでは、クリッピングマスクを使って画像を文字の形にマスクする表現を学びましょう。

テキストレイヤーを作成する

まずはテキストを入力してテキストレイヤーを作成します。

① 練習用ファイル「4-13.psd」を開きます。
36ページを参考に [横書き文字ツール] **T** で、
「color」と入力します❶。
テキストは以下に設定しました❷。

フォントの種類：Dystopian / Black
フォントサイズ：550pt

> フォントは好みのもので大丈夫です。レッスンと同じフォントを使用したい場合はこのレッスンの「もっと知りたい！」を参考に、Adobe Fontsを追加してみましょう。

② [移動ツール] ✛ を選択し、テキストを画像の真ん中あたりに移動します❸。

背景レイヤーを通常レイヤーに変換して移動する

クリッピングマスクは下のレイヤーで上のレイヤーをマスクします。テキストレイヤーを画像レイヤーの下に移動させる必要がありますが、画像レイヤーは背景レイヤーとしてロックがかかっており、動かすことができません。背景レイヤーを通常レイヤーに変換して、レイヤーの位置を移動できるようにしましょう。

① ［背景］レイヤーの🔒アイコンをクリックします❶。
ロックが解除され、［レイヤー0］という名前の通常レイヤーに変わりました❷。

② テキストレイヤーを画像レイヤーの下にドラッグします❸。重なり順が変わり、「color」の文字が見えなくなりました。

クリッピングマスクを作成する

① 上下で隣り合うレイヤーの間にマウスポインターを移動し、 Alt キーを押し↓□のマークが表示されるところでクリックします❶。

② クリッピングマスクができました。

クリッピングマスクを作成すると、レイヤーの横に矢印のアイコンがつく

③ 画像レイヤーをクリックします❷。
［移動ツール］✛を選択し、画像レイヤーを好みの位置に移動します❸。

ここでは「c」の文字の視認性が悪いので画像を移動して、文字がはっきり見えるようにしました。

 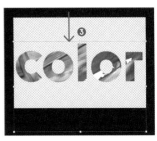

\できた！/ 画像をテキストで切り抜くことができました。

テキストはクリッピングマスクを作成したあとでも編集できます。「color」を別のテキストに変えたり、フォントの種類を変えたりしてバリエーションを楽しみましょう。

\もっと/ 知りたい！

● Adobe Fontsを追加しよう

Photoshop内に使いたいフォントが見当たらないときは、フォントを追加しましょう。Adobe Fontsから追加する方法を紹介します。Adobe FontsはAdobe Creative Cloudを契約していれば、無償で利用することができます。

① 選択されているフォントの右側の ˇ をクリックし❶、[Adobe Fontsから追加] の右横のロゴをクリックします❷。

② すると、Adobe Fontsのサイトが表示されます。追加したいフォント名がわかっている場合は検索窓にフォント名を入力して検索します❸。

③ 該当するフォントが見つかったら、[ファミリーを表示]をクリックします❹。

④ ファミリーの中から追加したいフォントの[アクティベート]をONにします❺。

⑤ Photoshopの画面に戻り、フォントを確認すると、新しく追加されているのがわかります❻。

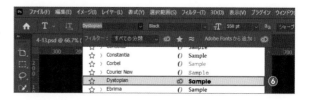

修正に強いデータの作り方を身につける

Photoshopでは元の画像を残したまま、レイヤーを重ねたりマスクを利用したりして編集できます。しかし、元の画像を直接選択して編集することも、もちろんできます。

たとえば切り抜きなどで元画像の一部を消し、色調補正で色を直接書き換えたとします。マスクを作らない分、手早くできて便利そうです。目的が定まっているときは、たしかに早いかもしれません。
ただその目的は誰が定めたものでしょう？

自分自身であっても、昨日最高傑作だと思っていたものが、朝起きてみたら駄作に見えるかもしれません。もし目的や用途をクライアントが定めたものだったとしたら、途中で要求が変わることも多々あります。

そんなときマスクを使用していると、急な修正などにも臨機応変に対応できます。逆にマスクを使用していないと、また手順を1からやり直す必要が生じます。
元の画像を直接編集すると、その瞬間の作業としてはすばやくできるでしょう。しかしもし将来修正が発生してイチからやり直すことを想定するならば（そしてそれはよくあることです）、元の画像に戻せる状態で編集をしていったほうが、より少ないコストで完成させられるはずです。

そう考えると、完成した作品も大事ですが、完成させるまでのプロセスも大事だということがわかります。本書では、修正に強いデータ作成の仕方を学べるようにしています。手順や説明は増えてしまいますが、それは趣味でも仕事の現場でも必ず役立つ手法です。

CHAPTER 5

基本的な画像レタッチを
マスターする

この章では、まずPhotoshopでできるワンランク上の写真修正について
どういったものがあるかを学びます。
その中で、傷や汚れを消す方法や画像の足りない部分を補う
テクニックを実践してみましょう。

#写真修正の目的 #色の三属性

ワンランク上の写真修正

第3章では修正の基本について学びました。この第5章以降は、そこからワンランク上の写真修正について学びます。

 ## ワンランク上の写真修正とは？

第3章では、簡単な写真の補正方法を紹介しましたが、この章以降では、ひと手間かけて写真をよりよくするテクニックを紹介します。ここで紹介するテクニックを使えば、写真の印象をがらりと変えることもできるようになります。

 ## 被写体を際立たせるための修正

修正ツールを使用して写真に写り込んだ傷や凹み、ゴミなどを取り除くことで、より洗練された印象にできます。余分な情報をなくすことで、被写体を際立たせる方法としても使われます。

● 傷や汚れを消す

傷や凹みが修正され、洗練された印象になった

背景の壁にある穴を消して、整理することによって、被写体がより際立つ印象になった

● 背景をぼかす

背景をぼかすことにより、被写体に視線を集めることができる
（第7章レッスン2参照）

撮影後の構図の修正

修正ツールやフィルターを使用して、構図をあとから修正することができます。撮影後に、構図の修正が発生したり、写真の幅が不足したりしても、撮影をやり直すことは現実的ではありません。Photoshopで修正する術を知っていると、より効率的に狙ったとおりの写真を得ることができます。

● **オブジェクトの位置や大きさを変更する**

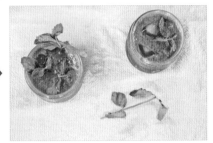

右下のミントの位置を変更。好きな位置に移動でき、大きさも変えられる。移動によって生じた画像のずれは自動で補完される

● **写真の足りない部分を補う**

被写体の大きさはそのままに画像の横幅だけ引き伸ばす

 印象を変えるための色調補正

第3章では暗い写真を明るくしたり、色かぶりした写真を修正したりする、いわばマイナスを補う色調補正を学びました。第7章以降では、そこからさらに印象を変えるための色調補正を学びます。見る人に与えたい印象をイメージして、補正していきます。色調補正をするためには、「色の三属性」の理解が欠かせません。色の三属性とは、色相、彩度、明度のことを指します。

色相とは？

色相とは、赤、青、緑、黄といった色の違いのことです。色相を円で連続して表したものを色相環といいます。色相環では、赤、オレンジ、黄のように近い色同士が隣り合いグラデーションを作りながら一周します。このとき隣同士にある色のことを「隣接色相」といい❶、また色相環上で向かい合う色の関係を「補色」といいます❷。補色の関係にある色同士は、お互いを引き立てる性質を持ちます。

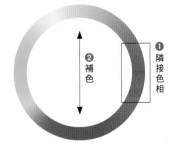

補色……互いに補うように引き立て合う色の組み合わせのこと。組み合わせることでそれぞれの色が引き立ち、印象的な写真にすることができる

隣接色相……近しい色味なので、組み合わせるとまとまりのある落ち着いた印象になる。単調になりすぎる場合は、明度に差をつけるなどの工夫が必要

● 補色を利用した補正

シアンの色をのせることで、肌のオレンジ色と補色関係にし、印象を変えた例
（第8章レッスン2参照）

明度とは？

明るさの度合いを明度といいます。写真では、明るい光は白く、暗い影は黒く写ります。明るいと明度が高く、暗いと明度が低くなります。1枚の画像内で明度の差が急で大きければ、コントラストが強い「ハイコントラスト」な写真になります。明度の差がなだらかで小さければ、コントラストが弱い「ローコントラスト」な写真になります。

写真における明暗

写真における明暗は、黒と白の情報の量で表されます。黒が多ければ暗く、白が多ければ明るくなります。

暗い　　　　　　　　　　　　　　　　　　　　　明るい

明暗と立体の関係

明るい面と暗い面の差によって、立体を認識できます。右図を見比べてみましょう。どちらも同じ輪郭ですが、影が落ちることによって立体に見えます。実際に光が当たっているわけではなくても、黒と白の差で、立体だと認識できることがわかります。

明暗がない状態
（平面に見える）

明暗がある状態
（立体に見える）

明暗とコントラスト

明るい面（ハイライト）と暗い面（シャドウ）の差を調整することによって、コントラストの強弱をつけられます。明るい面と暗い面がはっきりと分かれていることをハイコントラストといい、逆に差が少ないことをローコントラストといいます。

ハイコントラスト
（明暗の差が強く、硬そうな印象）

ローコントラスト
（明暗の差が弱く、やわらかそうな印象）

● コントラストを補正

シャドウとハイライトの差がゆるやかなローコントラストの写真を、ハイコントラストに補正すると、メリハリのついた印象になる
（第8章レッスン1参照）

彩度とは？

彩度とは、色の強さのことです。たとえば、くすんだ色は彩度が低く、鮮やかな色は彩度が高くなります。彩度が高ければ、色が強いぶん目を引きます。逆に彩度が低ければ落ち着いた印象になります。白から黒のグレースケールには彩度はありません。彩度がない色のことを無彩色といいます。

黒の割合が多くなるほど暗く、彩度が低くなる

彩度が低い ← → 彩度が高い

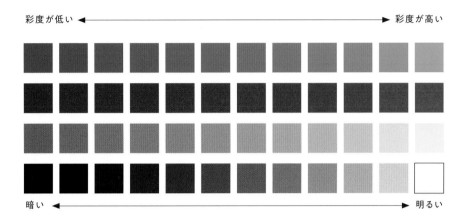

暗い ← → 明るい

● 彩度を高くし、さらに明度を高く補正

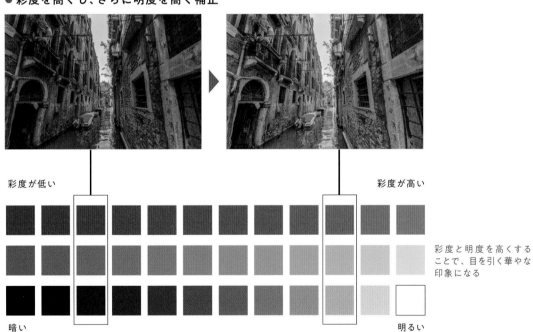

彩度が低い　　　　　　　　　　　　　　彩度が高い

彩度と明度を高くすることで、目を引く華やかな印象になる

暗い　　　　　　　　　　　　　　　　明るい

CHAPTER 5

LESSON 2

#スポット修復ブラシツール #修復ブラシツール
#コピースタンプツール

不要な部分を消して
周りの背景になじませよう

動画でもチェック！

https://dekiru.net/yps_502

[スポット修復ブラシツール]を使うと、画像の不要な部分をブラシでなぞって消すことができます。

練習用ファイル
5-2.psd

Before

After

不要なものをきれいに消せれば、写真をさらに理想に近づけられます。

[スポット修復ブラシツール]は、消したいものの周りの情報（色や明るさなど）を自動的にサンプリング（取得）し、その情報で塗りつぶすことで、不要な部分を消すツールです。小さなゴミや、傷、人物の肌荒れなど、細かな不要物を消すのに向いています。ここでは、カボチャの表面についた傷を[スポット修復ブラシツール]を使って消していきましょう。

 [スポット修復ブラシツール]でなぞって自動で傷を消す

[スポット修復ブラシツール]を使って、カボチャの表面の傷を消していきます。

① 練習用ファイル「5-2.psd」を開きます。
新規レイヤーを作成し、「修正」という名前をつけます❶。
新規レイヤーの作成 ➡ 30ページ

② ツールパネルから[スポット修復ブラシツール]を選択します❷。

③ オプションバーで[コンテンツに応じる]をクリックし❸、[全レイヤーを対象]にチェックを入れます❹。

④ ブラシの大きさを傷が隠れるくらいにします。ここでは、[直径]を「200px」❺、[硬さ]を「80%」❻に設定しました。

⑤ [修正]レイヤーを選択し、画像の傷の上をドラッグします❼。まずは真ん中のカボチャの傷を消してみましょう。

画面上では黒く塗られますが、どこをなぞったかをプレビューで表示しているだけなので、安心して進めてください。

⑥ 傷が消えました。同じようにほかの傷や汚れも消していきましょう。

＼できた！／ カボチャの表面の傷をきれいに消せました。

ここがPOINT

コピースタンプツールを使って消してみよう！

コピースタンプツールを使って消すこともできます。31ページを参考に[コピースタンプツール]を選択しオプションバーを下図のように設定します❶。傷の少し下あたりを Alt キーを押しながらクリックすると❷サンプルがコピーされるので、消したい部分をクリックまたはドラッグしていきましょう❸。

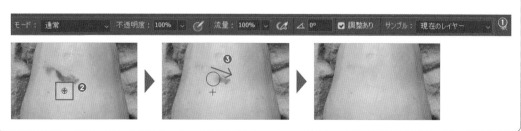

●［修復ブラシツール］を使って消してみよう

画像の小さな不要物を消すツールはほかにもあります。ここでは［修復ブラシツール］を使って、夕焼けのグラデーションの空から鳥を消してみましょう。［スポット修復ブラシツール］が自動でサンプリングするのに対して、［修正ブラシツール］は手動でサンプルの位置を指定します。また［修復ブラシツール］にはコピーしたサンプルをペースト（ペイント）する際に周囲に自動でなじませる機能がある点が［コピースタンプツール］と異なります。

(1) 新規レイヤーを作成したら、ツールパネルから［修復ブラシツール］を選択します❶。

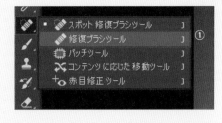

(2) オプションバーを下図のように設定します❷。不要物を消すソースは［サンプル］と、あらかじめ登録した［パターン］と2種類ありますが、ここでは［サンプル］を選びます。

サンプリングするレイヤーは［全レイヤー］を選択しても操作は可能です。ただし［全レイヤー］は上のレイヤーも含むので、さまざまなレイヤーが組み合わさっている場合など、［現在のレイヤー以下］を選択したほうが都合がよいことが多いです。

(3) 使い方は［コピースタンプツール］と同じです。サンプルに設定したい部分を Alt キーを押しながらクリックします❸。
ここでは、鳥の左下あたりをクリックします。

(4) クリックまたはドラッグして鳥を消します❹。

ペースト（ペイント）する際に、周囲に自動でなじませる処理が施されているのがわかります。この画像のように背景がグラデーションになっている画像などから不要物を消すのに適しています。

(5) コピーしたサンプルが背景になじんで、きれいに鳥を消すことができました。

CHAPTER 5

LESSON 3

#パッチツール

不要物を選択して消そう

動画でもチェック！

https://dekiru.net/yps_503

練習用ファイル
5-3.psd

選択した部分を写真の別の部分と置き換えて消去する方法を解説します。広い範囲を一度に消去してみましょう。

Before

After

このレッスンでは［パッチツール］を使って写真から人物を消してみましょう。［パッチツール］とは、選択した範囲を画像の別の部分に置き換えて不要物を消せる機能です。たとえばこの写真では、人物を、人物の右側の背景部分と置き換えています。人物など比較的大きいものを消したいときに役立ちます。

不要物を選択する

［パッチツール］を使って、不要な部分を消していきます。ここでは人物を消したいので、人物を囲んで選択範囲を作ります。

① 練習用ファイル「5-3.psd」を開きます。
新規レイヤーを作成し、「修正」という名前をつけます❶。

② ツールパネルから［パッチツール］を選択します❷。オプションバーで以下に設定します❸。

パッチ：コンテンツに応じる
構造：6
カラー：8
［全レイヤーを対象］にチェック

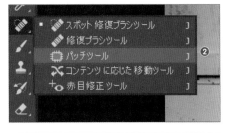

③ 消したい部分をドラッグで囲み❹、選択範囲
を作成します。

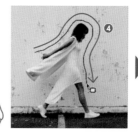

> できるだけオブジェクト
> の近くを選択して、囲っ
> ていきます。

選択した部分を移動する

選択した部分を置き換えたい部分（サンプル元）まで
ドラッグします。ここでは壁のブロックが繰り返さ
れていることを利用して、人物が写っていない箇所
のブロックを置き換えます。

① 選択範囲にマウスポインターを合わせて、ド
ラッグします❶。

> ドラッグすると、選択範囲がリアルタイムでドラッグ
> 先に置き換わります。ドラッグしながらいちばん自然
> になじむポイントを探します。この画像の場合は、壁
> の垂直線と地面の水平線が揃うように置き換えると
> 自然に見えます。

② 人物がいた部分の画像が置き換わりました。
[Ctrl]（[⌘]）+[D]キーを押して選択を解除し
ます。

> [構造]と[カラー]は初期設定の値だと
> 不自然な仕上がりになったので、この
> 写真の場合、構造：6、カラー：8に設定
> しました。試しながら最適な値を探し
> ましょう。

＼できた！／ 人物を消すことができました。

> 写真によっては、消した跡を完全に
> きれいな状態にすることは難しい
> 場合もあります。完璧を目指す場
> 合は、修復ブラシツールを使った方
> 法なども組み合わせてみましょう。

LESSON
4

#コンテンツに応じた塗りつぶし #クイックマスク

複数の不要物を一度に消そう

動画でもチェック！
https://dekiru.net/yps_504

汚れや不要物などが複数ある場合は、コンテンツに応じて塗りつぶすことで、一度に消すことができます。

練習用ファイル
5-4.psd

Before

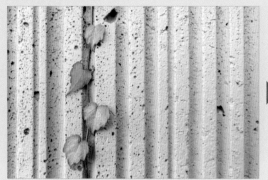

After

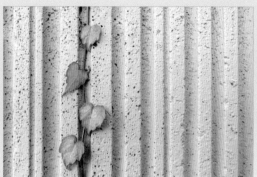

ここでは、塗りつぶし機能の1つである［コンテンツに応じる］を使った不要物の消去方法を解説します。この機能は、選択した部分の周囲の画像を使って自動的に塗りつぶすため、この画像のように複数個所を一度に消して周囲となじませたい場合などに便利です。

プロの現場では、画像の細かい部分を整えるという作業が多く発生します。プロでなくても、いろいろな機能を理解しておけばやり方の選択肢が増えて、より効率アップにつながります。

不要な部分を選択する

まずは不要な部分を選択します。クイックマスクモードにしてブラシで塗りつぶしましょう。

(1) 練習用ファイル「5-4.psd」を開きます。
レイヤーを複製します❶。
［クイックマスクモードで編集］ボタンをクリックし❷、クイックマスクモードに切り替えます。
［ブラシツール］✐を選択して消したい穴を塗りつぶしやすい直径にします。ここでは硬さを「50%」に設定しました❸。
クイックマスクモードの使い方 ➡ 88ページ

硬さは50%ほどにすると周囲となじみやすいです。

(2) ブラシで消したい穴の部分をドラッグして塗りつぶしていきます❹。

消したい穴より、一回り大きめに塗っていきましょう。穴が消えれば消えるほど、画像全体がすっきりして蔦の印象が際立ちます。右図を参考に丁寧に塗りつぶしましょう。

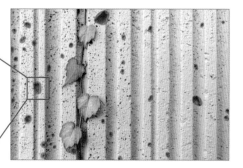

③ ツールパネルの■ボタンをクリックして、クイックマスクモードから通常モードに戻します。マスクした箇所以外が選択されているのがわかります。

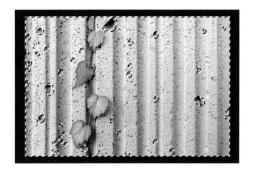

④ Ctrl（⌘）+Shift+Iキーを押して、選択範囲を反転します。
選択範囲の反転 ➡ 85ページ

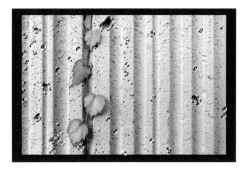

選択範囲を塗りつぶす

選択範囲を[コンテンツに応じる]で塗りつぶします。

① [編集]メニューから[塗りつぶし]を選択します❶。

② [塗りつぶし]ダイアログボックスが表示されます。[内容]から[コンテンツに応じる]を選択します❷。[カラー適用]にチェックを入れ、[描画モード]が[通常]、[不透明度]が「100」%になっていることを確認し❸、[OK]ボタンをクリックします❹。

＼ できた！／ 目立っていた穴が一気に塗りつぶされました。Ctrl（⌘）+Dキーで選択を解除したら完成です。

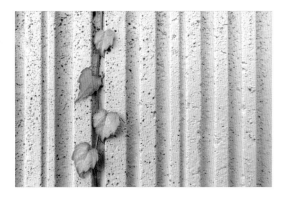

動画でもチェック！
https://dekiru.net/
yps_505

練習用ファイル
5-5.psd

CHAPTER 5
LESSON
5

#コンテンツに応じた移動ツール

被写体を移動して
なじませよう

撮影後に、被写体の位置や角度を調整したいということはよくあります。そういう場合は［コンテンツに応じた移動ツール］を使うことで、手間をかけずに調整できます。

Before

After

「コンテンツに応じた移動」とは、被写体をドラッグして移動すると、Photoshopが自動的に背景を分析して移動先になじむように調整してくれる機能です。テーブルフォトのように背景色が均一な画像であれば、自然になじむのでおすすめです。ここでは画像右下のミントの位置を移動してみましょう。

移動前後の背景色に差がある場合はうまくなじまないケースがあるので、そういう場合は124ページを参考に手作業でなじませましょう。

作業用のレイヤーを作成する

まずは作業用のレイヤーを作りましょう。

(1) 練習用ファイル「5-5.psd」を開きます。
新規レイヤーを作成し、「修正」という名前をつけます❶。

［コンテンツに応じた移動ツール］のオプションを設定する

［コンテンツに応じた移動ツール］を選択したら、まずオプションバーで移動後の動作を設定しましょう。

(1) ツールパネルから［コンテンツに応じた移動ツール］を選択します❶。

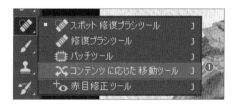

129

② オプションバーの［モード］から［移動］を選択し②、［全レイヤーを対象］と［ドロップ時に変更］にチェックを入れます③。

🏠 ✂ ∨ ■ ▣ ▣ ▣　モード：移動 ∨　②構造：4 ∨　カラー：0 ∨　☑ 全レイヤーを対象　☑ ドロップ時に変形　③

┌─ ここがPOINT ──────────────────────────────┐
│ **［コンテンツに応じた移動ツール］は移動と変形が同時にできる**
│ ［全レイヤーを対象］にチェックを入れると、すべてのレイヤーのデータを使用して移動の
│ 結果を作成します。［ドロップ時に変更］にチェックを入れると、移動後にバウンディング
│ ボックスが表示されて、被写体を変形できます。移動後に形を調整したい場合に便利です。
└──┘

被写体を選択する

① 被写体を囲むようにドラッグします❶。

> 囲み始めた位置の近くでマウスのボタンから手を離すと自動的に選択範囲が閉じます。

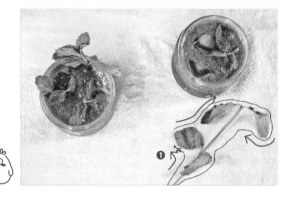

② 選択できたことを確認します。

> 背景はなるべく含めないように選択したほうが、移動先になじみやすいです。

通常の選択範囲と同じように点線で囲まれる

被写体を移動する

① 被写体をドラッグして移動します❶。

┌─ ここがPOINT ──────────────┐
│ **元の状態も確認できる**
│ 移動を確定するまでは元の状態と比較できるよ
│ うに重なった状態で表示されます。
└────────────────────────────┘

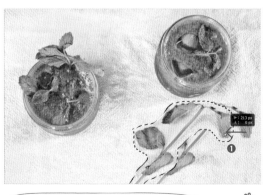

> 移動だけでよければ、Enter（return）キーを押してここまでの操作を確定しましょう。変形や回転をする場合は確定せずに次の手順に進んでください。

被写体を変形する

移動した被写体は、確定前であれば変形や回転もできます。ここでは被写体を回転して、サイズも変えてみましょう。

① バウンディングボックスの近くにマウスポインターを近づけて、マウスポインターの形が↰になるところを探します**❶**。

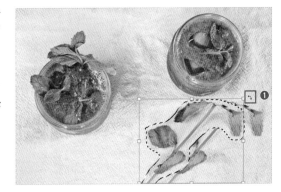

② その状態でドラッグすると**❷**、ドラッグした方向に被写体が回転します。

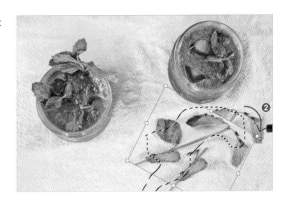

③ サイズを変更してみましょう。バウンディングボックスの右上にマウスポインターを合わせ、マウスポインターの形が↙↗になるところで変更したい方向にドラッグします**❸**。

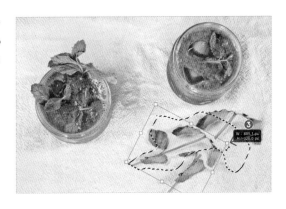

＼ できた！ ／ Enter （ return ）キーを押したら移動と変形が確定します。被写体を移動して背景になじませることができました。

> 修正ツールにはさまざまなものがあり、得られる効果が似ているものもあります。しかし期待する結果に行きつくには試行錯誤が必要です。本書で紹介した手順はいくつかあるアプローチのうちの1つと考えて、写真に合わせて臨機応変に使い分けることが大切です。

CHAPTER 5

LESSON 6

#切り抜きツール #自由変形

画像の足りない部分を補おう

動画でもチェック！

https://dekiru.net/yps_506

練習用ファイル
5-6.psd

風景写真などを撮影後に画角を広くしたいケースもあるでしょう。そういう場合は足りない部分を作り出して補うことができます。

Before

After

女性が立っている地面と海、空を左右に補って、写真を広げましょう。
ここでは切り抜きツールを使って自動的に補う手順を紹介します。

> 54ページでは、画像の傾きを修正したことで発生した余白を補う方法として切り抜きツールを紹介しました。このレッスンのように画像の幅を広くしたい場合にも便利なツールです。

[切り抜きツール]を選択する

[切り抜きツール]には、画像の一部分を切り抜くだけでなく、画像の範囲を広げる機能もあります。画像の範囲を広げるときに、オプションバーの[コンテンツに応じる]にチェックを入れておくと、広げた範囲を自動的に補えます。

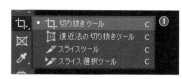

① 練習用ファイル「5-6.psd」を開きます。
67ページの手順①と同様に作業用のレイヤー複製したら、ツールパネルから[切り抜きツール]を選択し①、オプションバーの[コンテンツに応じる]にチェックを入れます②。
[切り抜きツール]を選択すると、画像の周りに切り抜き範囲を示す枠が表示されます③。

画像を広げて足りない部分を補う

① 枠の左端にマウスポインターを合わせます①。

② マウスポインターの形が ↔ になった状態で、Alt（option）キーを押しながら左にドラッグします❷。

> Alt（option）キーを押しながらドラッグすると、画像の中心を起点に両側に範囲が広がります。

できた！ Enter（return）キーを押して確定します。広げた範囲が自動的に補われました。

もっと 知りたい！

● [自由変形] を使って
　画像の足りない部分を補おう

自動機能に頼らず、単純にコピーした部分を引き伸ばして足りない部分を補う [変形ツール] を使った方法も覚えておきましょう。

① [切り抜きツール] ⬚ を選択し、[コンテンツに応じる] のチェックをはずします❶。上の手順②と同じようにドラッグして❷、画像の幅を広げます。

② [長方形選択ツール] ▦ で、被写体の向かって左側を選択します❸。Ctrl（⌘）+J キーを押すと、選択した部分が新規レイヤーに複製されます❹。

③ [編集] メニューから [自由変形] を選択し❺、Shift キーを押しながら、複製した画像の左端を左にドラッグすると❻、画像が変形して横幅が広がります。

④ 被写体の向かって右側も同じ要領で変形して、画像の足りない部分を補いましょう。

> [自由変形] を使った方法は、引き伸ばすことで目的的に不自然になったり、画像が粗くなったりすることがあるので注意しましょう。

オーバーレイを変更してトリミングの構図を考えよう

写真を撮影する際に、構図を考えたうえで撮影する場合もあれば、撮影後に切り抜き作業で構図を整える場合もあると思います。第3章のレッスン2では[三分割法]のオーバーレイ（切り抜きプレビュー）を使って写真を切り抜きましたが、オーバーレイの種類はほかにもあります。写真の種類や、どんな写真にしたいかによって、切り抜く際の目安となるオーバーレイを変えてみましょう。

[切り抜きツール]を選択し、 オプションバーのオーバーレイアイコンをクリックすると種類を選択できます。以下ではその中の三分割法、対角線、三角形、黄金螺旋のオーバーレイを紹介します。

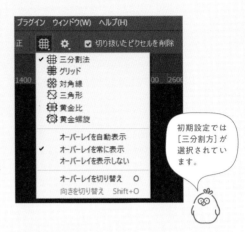

初期設定では[三分割方]が選択されています。

三分割法

[三分割法]は、画面上を三分割した構図のオーバーレイです。被写体やオブジェクトをその直線状や交点に配置したり、目を交点のあたりに配置すると、安定します。

対角線

[対角線]は、画面の対角線を横切るように被写体やオブジェクトを配置することで、動きやダイナミックさを感じやすいとされている構図のオーバーレイです。

三角形

[三角形]は、被写体やオブジェクトを三角形に配置したり、三角形を意識して手前に空間を持たせたりすることで、奥行きを感じやすくなるとされる構図のオーバーレイです。

黄金螺旋

[黄金螺旋]は、1:1.618の黄金比からなる螺旋状のオーバーレイです。この螺旋を基準に、被写体やオブジェクトを配置すると、美しい構図の写真に仕上がります。

Chapter 6

Photoshopで
自由に描画しよう

この章ではブラシツール、長方形ツールなどの図形、テキストなどを
写真と組み合わせてグラフィックを作っていきます。
章の後半ではWebバナーやYouTubeの
サムネール制作に挑戦してみましょう。

#ブラシツール #描画色と背景色 #色相・彩度

ブラシツールで写真に アクセントをつけよう

動画でも チェック！

https://dekiru.net/ yps_601

練習用ファイル
6-1.psd

［ブラシツール］を使って写真にグラフィックを描画する方法を紹介します。ブラシの線がアクセントになってより印象的な写真に仕上がります。

Before

After

写真：risugrapher（Instagram：@risugrapher）
モデル：ucio saya（Twitter：@ss_08140_m）

モノクロの写真に、［ブラシツール］を使って線を描きます。まずは髪の毛の輪郭をなぞり、レイヤーを分けて手の輪郭もなぞっていきます。描いた線の色をあとから変える方法も学びましょう。

 モデルの髪の輪郭をなぞる

描画用のレイヤーを作って、ブラシでモデルの輪郭なぞります。

① 練習用ファイル「6-1.psd」を開き、新規レイヤーを作成します❶。
髪の毛の輪郭をなぞるので「hair」というレイヤー名に変更しましょう。

② ツールパネルから[ブラシツール]を選択します②。オプションバーで以下のように設定します③。

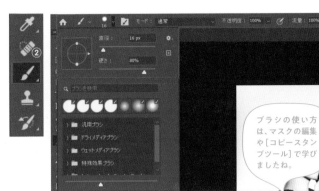

直径：16px
硬さ：80%
モード：通常
不透明度：100%
流量：100%

> ブラシの使い方は、マスクの編集や[コピースタンプツール]で学びましたね。

③ 描画色を設定します。[描画色]をダブルクリックして④、[カラーピッカー]ダイアログボックスを開きます。[カラースライダー]で色相を指定し⑤、[カラーフィールド]で明るいピンクの色を選択し⑥、[OK]ボタンをクリックします⑦。

カラーフィールド　　　　カラースライダー

── ここがPOINT ──

数値からカラーを設定する

[カラーピッカー]ダイアログボックス下部にある[#]に16進数値を入力してもカラーを設定できます。

── ここがPOINT ──

描画色と背景色の使いかた

❶描画色……[ブラシツール]などで描画するときの色
❷背景色……[消しゴムツール]などで[背景]レイヤーを消すときの色
❸描画色と背景色を初期設定に戻す……
　　　クリックすると初期設定の[描画色]：黒、[背景色]：白に戻ります。
❹描画色と背景色を入れ替え……
　　　クリックすると描画色と背景色が入れ替わります。

> 描画色と背景色の入れ替えはショートカット（ｘキー）を使うと便利です。

④ 図を参考にブラシで髪の輪郭をなぞってみましょう⑧。

⑤ 少し遊び心を足してみましょう。手順④で描いた線の両端に短い線を追加で描きます❾。

ストロークがとぎれて、ポップな印象になりますね

⑥ 図を参考に、ラフな線で輪郭をなぞりましょう。

ブラシのサイズを変えるなどして自由に描きましょう。

―― ここがPOINT ――

線を消したいときは？

描いた線を消したい場合は、[消しゴムツール] で消しましょう。ツールパネルから [消しゴムツール] を選択し❶、消したい部分をドラッグします❷。
レイヤーで消しゴムツールを使うと、背景色とは関係なく消されます。

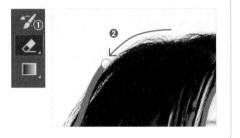

手の輪郭をなぞる

新しくレイヤーを作り、今度は手の輪郭をなぞってみましょう。

① 新規レイヤーを作成し、「hand」という名前にします❶。

レイヤーを変えているのは、このあとの操作で髪の毛部分と手の部分を別々に色調補正するためです。

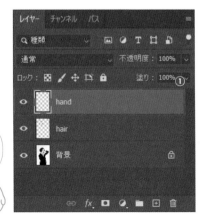

(2) 図を参考に手の輪郭をなぞりましょう。

あえて輪郭の線から少しずらして描いてもかっこいいですね。

ブラシで描写した線の色を変更する

一度描画した色をあとから変更することもできます。ここでは色相・彩度を使って、手の輪郭の線を変えてみましょう。

(1) 「hand」レイヤーの上に、[色相・彩度]の調整レイヤーを追加します❶。「hand」レイヤーだけに適用したいので、クリッピングマスクを作成します❷。
クリッピングマスクの作成 ➡ 114ページ

(2) [プロパティ]パネルで[色相]のスライダーをドラッグします。ここでは「-162」に設定し、水色にします❸。

スライダーをドラッグすると線の色が変わるので、好みの色に調整しましょう。

できた！ブラシツールで写真にアクセントをつけることができました。

フリーハンドで描けるブラシツールを使いこなして、描画を楽しみましょう。

#長方形ツール #レイヤーマスク

写真にシェイプを なじませよう

 動画でもチェック！

https://dekiru.net/
yps_602

［長方形ツール］とマスクを使って、花びらを図形よりも手前に見せるテクニックを紹介します。

練習用ファイル
6-2.psd

写真の中で、グラフィック要素が被写体の後ろ側に隠れているような演出を見かけたことはあるでしょうか。このレッスンでは、重ねて描画したシェイプの上側に花びらが浮き出るような表現をしてみましょう。

 長方形を描く

［長方形ツール］を使って、写真より一回り小さい長方形を作ります。

① 練習用ファイル「6-2.psd」を開き❶、ツールパネルから［長方形ツール］を選択します❷。

② 画面上をクリックすると、［長方形を作成］ダイアログボックスが表示されるので、［幅］を「4472px」、［高さ］を「2648 px」として❸、［OK］ボタンをクリックします❹。

ここでは写真のサイズよりも一回り小さい長方形を作るため、写真の幅と高さから-1000pxした数値を設定しました。

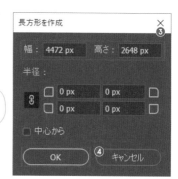

(3) 長方形ができました。

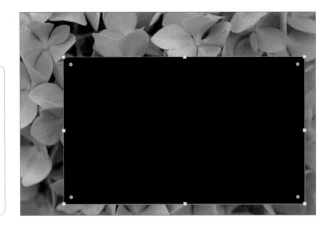

── ここがPOINT ──

数値は四則演算できる

Photoshopの数値入力ボックスでは四則演算が使えます。たとえば［幅］に元の画像サイズの「5472px」に続けて「-1000」と入力し確定すると、「4472px」となります。引き算のほか、「+」（足し算）、「*」（掛け算）、「/」（割り算）が行えます。

 ## 長方形をカンバスの真ん中に移動する

長方形をカンバスの真ん中に移動します。オプションバーの［整列］でカンバスを基準に整列しましょう。

(1) オプションバーの［パスの整列］をクリックし❶、下部の［整列］から［カンバス］を選択して❷、［水平方向中央揃え］❸、［垂直方向中央揃え］をクリックします❹。

長方形が真ん中に移動しました❺。

> ［整列］で［カンバス］を選択したので、カンバスを基準に整列します。

長方形の線の設定をする

線の太さやパスに対しての描画の方法を設定します。

(1) ［プロパティ］パネルの［アピアランス］を開き、長方形の［塗り］を［カラーなし］、［線］を白、線の幅を「100px」と入力して❶、Enter キーを押します。［線の整列タイプを設定］をクリックし、内側を選択します❷。

── ここがPOINT ──

色の設定方法

［塗り］や［線］の右側のアイコンをクリックすると❶、カラーを設定するパネルが表示されます。［最近使用したカラー］❷や［カラーピッカー］❸から色を選びましょう。

── ここがPOINT ──

線の整列タイプとは？

［線の整列タイプを設定］では、線の幅が広がる方向を「パスに対して内側」「パスに対して中央」「パスに対して外側」の3つから選択できます。内側にしておくと、線をあとから太くしても長方形が大きくなることはありません。

内側
中央
外側

② 白い枠ができました。

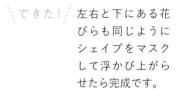

シェイプをマスクする

シェイプをマスクすることで、下にある花びらがシェイプの上側に浮き出て見えるようにします。

① 長方形のレイヤーにレイヤーマスクを追加します❶。
レイヤーマスクの追加 ➡ 81ページ

② [ブラシツール]🖌を選択し、描画色を黒にします。オプションバーで以下のように設定します❷。

直径：200px
硬さ：0%
不透明度：100%

シェイプの線をマスクするので、シェイプの幅より太いサイズにしましょう。

③ ここでは上の花びらから作業します。隠したいシェイプの部分をブラシでなぞります❸。

④ なぞった部分がマスクされ、花びらがシェイプの上に浮かび上がりました❹。

ブラシでなぞる

少しはみ出すくらいでなぞると、花びらの陰影が作れるのでより浮かび上がったように見えます。

\ できた！/ 左右と下にある花びらも同じようにシェイプをマスクして浮かび上がらせたら完成です。

LESSON 3

#レベル補正 #レイヤーの結合 #描画モード #べた塗り

紙に書いた文字を
スキャンして合成しよう

動画でも
チェック!

https://dekiru.net/
yps_603

練習用ファイル
6-3-1.psd
6-3-2.psd

写真の上に、別に撮影した手書き文字を載せるテクニックを紹介します。

写真に手書き文字を載せると、手作り感や温かな雰囲気が演出できます。ここではスキャンした手書き文字を写真に合成します。なお、このレッスンでは合成する手書き文字の画像はあらかじめ用意してあります。

取り込んだ文字画像を補正する

鉛筆などで書いた文字のかすれを活かしたまま、紙の暗さなどは白くして、合成に最適な素材に補正します。ここでは、レベル補正を使って明暗を調整し、白と黒の2色になるように補正しましょう。

① 練習用ファイル「6-3-1.psd」を開き❶、[レベル補正]の調整レイヤーを作成します❷。

調整レイヤーの作成 ➡ 60ページ

② 白黒がはっきりするように補正します。ここではシャドウを「0」、中間調を「0.13」、ハイライトを「197」にします❸。

白と黒がはっきりしました❹。

「6-3-1.psd」はスキャンした画像です。自分で手書きの画像を用意する場合は、Photoshopで開いてから[イメージ]メニュー→[モード]→[グレースケール]にするとより作業しやすいです。

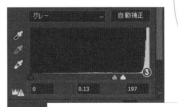

文字画像を写真に貼り付ける

① 表示レイヤーを結合します。[レイヤー]パネルの**≡**をクリックして❶、[表示レイヤーを結合]を選択します❷。

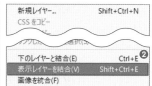

② Ctrl + A キーで全体を選択して、Ctrl + C キーを押してコピーします。

③ 練習用ファイル「6-3-2.psd」を開き❸、Ctrl + V キーを押して文字画像を貼り付けます❹。

文字を白くする

ここでは文字画像の描画モードを除算にすることで黒い文字を白くし、白い背景を見えなくします。

① [レイヤー]パネルの描画モードを[除算]にします❶。
黒い文字が白くなり、白い背景が見えなくなりました❷。

> 除算モードでは、上レイヤーの黒い部分は白っぽい色に、白い部分は下のレイヤーの色がそのまま合成されます。

位置やサイズを調整する

白い文字の視認性が高まるように移動したりサイズを調整したりしましょう。

① Ctrl + T キーを押して自由変形モードにします。読みやすい位置に移動し、サイズを調整します。ここではサイズを少し小さくして上に移動しました❶。
自由変形 ➡ 133ページ

＼ できた！／ 手書きの文字を写真に合成でき
ました！

＼ もっと／
＼ 知りたい！／

● 合成した文字の色を変えてみよう

文字でマスクを作って［べた塗り］塗りつぶし
レイヤーで色を変更しましょう。文字からマスクを
作るには、文字をアルファチャンネルにします。

(1) 文字のレイヤーだけを表示します❶。
レイヤーの表示・非表示 ➡ 43ページ

(2) ［チャンネル］パネルでブルーチャン
ネルを複製します❷。

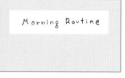

一番白黒がはっきりして
いるチャンネルを複製し
ましょう。

(3) ［レイヤー］パネルで［べた塗り］の塗
りつぶしレイヤーを追加して、好きな
色でべた塗りします。［べた塗り］塗り
つぶしレイヤーの［レイヤーマスクサ
ムネール］をクリックして❸、［イメー
ジ］メニューの［画像操作］を選択し
ます❹。

(4) ［べた塗り］を適用する範囲を決めま
す。［チャンネル］を［ブルーのコピー］
にして❺、［階調の反転］にチェックを
入れて❻、［OK］ボタンをクリックし
ます❼。

(5) 背景レイヤーを表示しましょう。文
字の色を変更できました。

文字以外をマスクしたいので、［ブルー
のコピー］で作成した黒い文字を反転
させて使用します。これで、文字以
外の部分がマスクされ文字にべた塗りの
色が反映されます。

#文字の入力 #テキストボックス #トラッキング

メッセージ入りの
おしゃれな招待状を作ろう

動画でも
チェック!

https://dekiru.net/
yps_604

シンプルなウェディングの招待状を作りながら、テキストの編集を学んでいきましょう。

練習用ファイル
6-4.psd

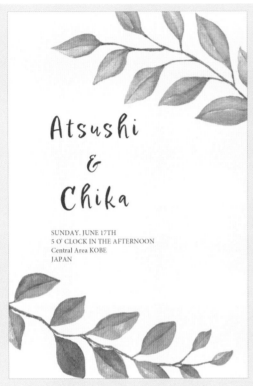

イラスト:senatsu (Instagram:@senatsu_graphics)

使用イメージ

このレッスンではウェディングの招待状を題材に、テキストの入力や編集を行います。タイトルや説明文など、入力するテキストの役割を考えながら、相手に伝わりやすいように工夫をしていきましょう。

タイトルを入力する

ここではメインのテキストとなる人物の名前を大きく入力します。文字の大きさに強弱をつけることによって、受け取り手が情報を汲みとりやすくします。

① 練習用ファイル「6-4.psd」を開き、ツールパネルの
[横書き文字ツール] ■ をクリックします。
「Atsushi&Chika」と入力して❶、オプションバーの[○]をクリックします❷。

> カーソルの位置で Back space キーを押すと前の文字、 Delete キーを押すと後ろの文字を削除できます。

■ テキストを編集する

「Atsushi」と「&」、「Chika」の間に改行を入れます。

① [横書き文字ツール] を選択した状態で、編集したい部分（Atsushiと＆の間）をクリックします。Atsushiと＆の間にカーソル（｜）が点滅したことを確認し❶、Enter（return）キーを押します。
改行しました❷。

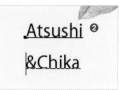

② 同様にカーソル（｜）を＆とChikaの間に移動してEnter（return）キーを押します❸。
オプションバーの［○］をクリックして❹、入力を確定します。

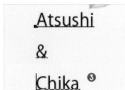

■ フォントや文字サイズを変更する

フォントや文字サイズを変更するには、テキストを選択して操作します。ここではオプションバーで変更してみましょう。

① [横書き文字ツール] を選択した状態で [レイヤー] パネルでテキストレイヤーを選択し❶、オプションバーでフォントの種類と文字サイズを変更します。ここではフォントは「Epicursive Script」、文字サイズは「30pt」にしました❷。

フォントと文字サイズが変わりました❸。
フォントのインストール➡115ページ

■ 文字揃えを設定する

文字揃えとは、テキストボックスに対する文字の位置のことです。通常は左に詰めて（左揃え）入力されますが、中央揃えや右揃えに変更できます。ここでは中央揃えにしてみましょう。

① オプションバーで [中央揃え] をクリックします❶。中央揃えになりました❷。

文字の色を設定する

ここではイラストの雰囲気に合うように文字の色をグレーにしてみましょう。

① カラーをクリックします❶。
[カラーピッカー] ダイアログボックスが表示されるので、色を変更して❷、[OK] ボタンをクリックします❸。ここでは「#4e4e4e」にしました。テキストの色が変わったことを確認します❹。

行間や字間を調整する

1行ごとの間隔や文字と文字の間隔を調整します。

① [プロパティ] パネルをスクロールして [文字] を表示します❶。[行送りを設定] を「40pt」❷、[選択した文字のトラッキングを設定] を「160」にします❸。

テキストボックスで箱組文字を入力する

ここまでの操作で、メインのテキストを入力できました。タイトルになるテキストがあるだけで、ぐっと招待状らしくなりますね。次にサブの情報である、住所や挨拶などを入力します。テキストボックスを作って、その範囲に入力してみましょう。

① ツールパネルで [横書き文字ツール] を選択し、右図のようにドラッグします❶。

② フォントを「Minion Pro」❷、フォントの大きさを「8pt」❸、行送りを「10pt」❹、トラッキングを「20」❺、段落を [左揃え] に設定します❻。

テキストボックスには、前回入力したテキストの設定が反映されます。そのため文字サイズなどが大きいままなので、ここでは先に設定を変更しています。

148

③ ここでは例として下の日時と場所を入力します❸。
SUNDAY. JUNE 17TH
5 O'CLOCK IN THE AFTERNOON
Central Area KOBE
JAPAN

テキストボックスの周りに表示される□をドラッグするとサイズや形を変更できます。また、移動ツールでドラッグして移動できるほか、自由変形ツールで動かすこともできます。

④ オプションバーの［○］をクリックして❹、入力を確定します。

\できた！/ テキストボックスの位置やサイズを調整して完成です。

使用イメージ

\もっと 知りたい！/

● ［プロパティ］パネルの［文字］エリアと［段落］エリアの機能

40ページでは［文字］パネルの機能を解説しました。［プロパティ］パネルの［文字］エリアと［段落］エリアの機能も覚えておきましょう。

❶フォントの種類……使用するフォントを選ぶ
❷フォントスタイル……フォントに付属しているウェイト（太さ）を選ぶ
❸フォントの大きさ……フォントのサイズを選ぶ
❹行送り……行と行の間の間隔を設定する
❺カーニング……カーソルの右側の文字を詰める
❻トラッキング……選択した文字列の文字間隔を調整する
❼垂直比率……選択した文字の高さを調整する
❽水平比率……選択した文字の幅を調整する
❾ベースラインシフト……選択した文字のベースライン（基準となる線）の高さを調整する
❿カラー……文字の色を選ぶ
⓫左揃え……行ごとに左揃えにする
⓬中央揃え……行ごとに中央揃えにする
⓭右揃え……行ごとに右揃えにする
⓮最終行左揃え……両端揃えで最終行のみ左揃えにする
⓯最終行中央揃え……両端揃えで最終行のみ中央揃えにする
⓰最終行右揃え……両端揃えで最終行のみ右揃えにする
⓱両端揃え……すべての行を両端揃えにする

❼❽❾は［…］をクリックすると表示される

カーニングとトラッキングの違いについては、この章のコラムで解説します。

#パスに沿った文字の入力 #楕円形ツール #ドロップシャドウ

スタイリッシュな
Webバナー広告を作ろう

動画でも
チェック!

https://dekiru.net/
yps_605

練習用ファイル
6-5.psd

Webバナー広告を題材に、パスに沿ったテキストの入力方法やテキストに効果をかける方法を学びます。

ここでは、SALEバナーの上側に、楕円の弧に沿ったテキストを入力して、テキストに影（ドロップシャドウ）をつけてみましょう。また、レイヤースタイルをコピーしてほかのレイヤーにペーストする方法も紹介します。

 テキストを入力するパスを作る

SALEの上に、楕円の弧に沿った形で SUMMERと入力します。まずは円形のパスを作成します。

① 練習用ファイル「6-5.psd」を開き❶、[楕円形ツール]を選択します❷。オプションバーで[塗り]と[線]を[カラーなし]にします❸。

② 図のような楕円を作成します**④**。

ここがPOINT

クリックした位置を中心に描画する

ドラッグしている途中で Alt （ option ）キーを押すと、クリックした位置を中心に図形が描画されます。

うまく描けない場合は、一度描いてから自由変形ツールで形を整えるとよいでしょう。

 文字をパスに沿って入力する

楕円の上側の弧に沿ってテキストを入力します。

① [横書き文字ツール] **T** を選択し、楕円の左上あたりのパスにマウスポインターを合わせます**①**。マウスポインターの形が になったタイミングでクリックするとカーソルが表示され**②**、パスの上に文字が入力できるようになります。

② 「SUMMER」と入力して**③**、オプションバーの[○]をクリックします**④**。

文字揃えが[中央揃え]の場合は、クリックした位置を中心に入力されます。

 文字をパスに沿って中心に移動させる

SUMMERの文字をほかの文字要素と同じように真ん中に配置します。パスコンポーネント選択ツールでドラッグして移動させます。

① ツールパネルで[パスコンポーネント選択ツール]を選択し**①**、「SUMMER」にマウスポインターを合わせます。マウスポインターの形が になったタイミングで楕円の頂点までドラッグします**②**。

パスの内側にドラッグすると文字が上下逆さまになります。

151

文字のフォントやサイズを調整する

フォントの設定は入力前に
行ってもよいです。

フォントの種類やサイズ、字間を調整します。

① テキストレイヤーをクリックして、[プロパティ] パネルの [文字] エリアを開き❶、フォントを [Interstate]、フォントスタイル [Bold] ❷、フォントサイズを「40pt」❸、トラッキングを「300」にします❹。

トラッキングとカーニングの詳細 ➡ 148〜149ページ

第2章のレッスン5で解説したように [文字] パネルから設定することもできます。

文字に影を付ける

少し立体的な遊び心を加えましょう。レイヤー効果を使って、ドロップシャドウをつけます。

① [レイヤー] パネルでテキストレイヤーの横をダブルクリックします❶。

② [レイヤースタイル] ダイアログボックスが表示されるので、[ドロップシャドウ] を選択して❷、下のように設定して❸、[OK] ボタンをクリックします❹。

シャドウのカラー:#004098
不透明度:20%
距離:29px
スプレッド:3%
サイズ:0px

③ SUMMERの文字に影ができました。

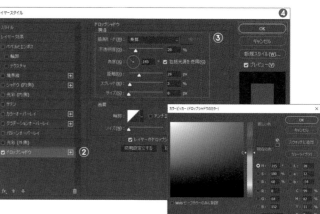

レイヤースタイルを複製する

SUMMERのテキストに適用したドロップシャドウを、SALEのテキストにも適用します。

① [Alt]キーを押しながらSUMMERのテキストレイヤーの[fx]マークをドラッグして❶、SALEのテキストレイヤーの上でドロップします。

② SALEのテキストレイヤーに効果が複製されました❷。

[Alt]キー
＋ドラッグ

SALE にも同じように影ができました。

③ SALEの文字はドロップシャドウの[距離]を変えてみましょう。SALEのテキストレイヤーの[ドロップシャドウ]をダブルクリックし、[レイヤースタイル]ダイアログボックスを表示します。
[距離]を「70」pxに変更し❸、[OK]ボタンをクリックします❹。

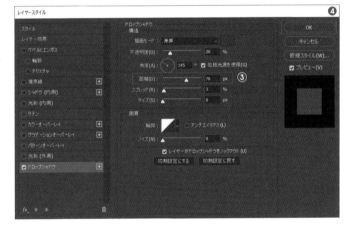

できた！　パスに沿ったテキストや影をつけて、Webバナー広告を作ることができました！

実際にWeb用の素材として使うときは、70ページを参考に解像度を72ppiに下げましょう。

#レイヤーの並び順 #トラッキング #べた塗り

文字と画像が前後に重なった YouTubeサムネールを作ろう

動画でも
チェック!

https://dekiru.net/
yps_606

練習用ファイル
6-6.psd

レッスン2ではマスクを使ってシェイプの上に写真が浮き出た表現をしましたが、ここではレイヤーを使って文字と写真を重ねる演出を行います。

ここまでに学んできたマスクやシェイプ、レイヤーを使って、ネコの顔が文字の上に飛び出す表現を作っていきます。ここでは次のような流れで作業します。
①背景をマスクする　②背景をぼかす　③背景に枠をつける　④レイヤーの順番を入れ替える　⑤テキストを入力する　⑥テキストレイヤーを移動する
このように、最終的な仕上がりを頭の中で描いたら、それを実現するためのプロセスを考えて作業していきましょう。こうすることでPhotoshopのさまざまな機能を効果的に使えるようになります。

YouTubeのサムネールはアスペクト比16:9ものが推奨されています。このレッスンでも16:9の写真を使ってインパクトのあるサムネールを作ってみましょう。

ネコの背景をマスクする

(1) 練習用ファイル「6-6.psd」を開き、ネコの背景をマスクします。
ふわふわしたものをマスクする ➡ 第4章レッスン9

［べた塗り］の塗りつぶしレイヤーを作る

背景をぼかすために［べた塗り］の塗りつぶしレイヤーを作ります。［べた塗り］の［塗り］を60%程度にすることで背景が透過するようにします。

①　［べた塗り］の塗りつぶしレイヤーを作成し、カラーを「#f09e9b」❶、［塗り］を「60%」にします❷。

#f09e9b

半透明の淡いピンク色で
塗りつぶされる

背景に枠をつける

①　背景に赤い枠をつけます。長方形ツールで、幅：5329px、高さ：2997pxの長方形を作成します❶。［プロパティ］パネルで［シェイプのプロパティ］をクリックし❷、以下の設定にします❸。

塗り：なし
線の幅：152.05px
線の色：#fd5b5b
線の整列タイプ：内側

［長方形ツール］で枠を作成する ➡ 140〜141ページ

#fd5b5b

やや濃いめのピンク色の枠ができる

レイヤーの順番を入れ替える

切り抜いたネコのレイヤーをシェイプレイヤーと調整レイヤーの上に移動して、一番上に表示します。

①　［レイヤー］パネルで［背景のコピー］レイヤーをシェイプレイヤーと調整レイヤーの上へドラッグします❶。

② ［背景］レイヤーを表示します❷。

> これで背景画像が完成しました。次の手順からテキストを入力していきましょう。

1行目を入力する

テキストツールを使って、1行目に「ネコに」と入力します。あわせてフォントの種類やトラッキングの設定、位置の調整も行いましょう。

① ［横書き文字ツール］で写真の左上に「ネコに」と入力します❶。テキストの設定は次のようにします❷。

フォントの種類：凸版文久見出しゴシックStd
フォントのサイズ：230pt
トラッキング：160
カラー：白

文字が変更されました❸。

② 右図を参考に［移動ツール］ ✛ でテキストの位置を移動します❹。

> 文字が飛び出す表現にしたいので枠に重なるように移動しましょう。

2行目を入力する

2行目に「あれ」と入力します。ネコの顔の左右の余白に1文字ずつ配置するようにトラッキング（文字の間隔）を広く調整します。

① 「あれ」と入力し、次のように設定します**❶**。

フォントの種類：凸版文久見出しゴシックStd
フォントのサイズ：300pt
トラッキング：1480
カラー：白

② 右図の位置に移動します**❷**。「ネコに」のレイヤーとは別のテキストレイヤーとして作成されていることを確認します**❸**。

ここがPOINT

トラッキングで文字の配置を調整する

ここではネコの顔を隠さないように文字を配置するため、トラッキングを広くしました。いろいろな数値に変えて、意図やバランスに合った配置になるように工夫してみましょう。

トラッキング：100

トラッキング：1480

3行目を入力する

① 同様に「献上してみた」と入力し、次のように設定して**❶**、右図の位置に移動します**❷**。

フォントの種類：凸版文久見出しゴシックStd
フォントのサイズ：180 pt
トラッキング：180
カラー：白

テキスト入力時は、直前の設定が引き継がれます。トラッキングが広すぎて入力時に画面からはみ出してしまう場合は、先に設定を変えて入力しましょう。

2行目の「あれ」のテキストより前にネコが浮き上がって見えるように、レイヤーの並び順を変えます。

① ［あれ］のテキストレイヤーを［背景のコピー］レイヤーの下へドラッグします❶。

 できた！ 文字と画像が前後に重なり、立体感のある写真になりました。

> インパクトのある写真なので動画のサムネールにもピッタリです。

もっと 知りたい！

● さらに目を引くサムネールにしよう

レイヤースタイルを組み合わせることで、さらにテキストを飾りつけることができます。ここでは［あれ］のテキストレイヤーに次のようなレイヤースタイルを適用しました。
レイヤースタイル ➡ 152ページ

テキストを縁取る

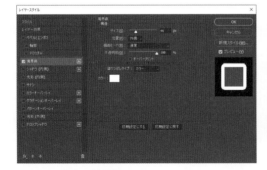

レイヤースタイル:境界線
サイズ:40 px
位置:外側
カラー:#ffffff

テキストの色を変える

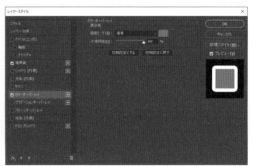

レイヤースタイル:カラーオーバーレイ
描画モード:通常
カラー:#fd5b5b

CHAPTER 6

LESSON 7

#レイヤースタイル #ベベル #光彩（外側）

光を放つネオン管を作ろう

動画でも
チェック！

https://dekiru.net/
yps_607

このレッスンでは、シェイプにネオン管のような光を放つ効果を合成します。よく使われる効果なのでさまざまなシーンで活用できます。

練習用ファイル
6-7.psd

第6章のレッスン5でテキストを装飾する方法を紹介しましたが、ここではさらに高度な装飾を体験してみましょう。レイヤースタイルを使ったテキストの装飾を、ネオン管のような効果を合成する手順を通して学びます。

オブジェクトを立体的にする

効果を適用したいレイヤーを選択して［レイヤースタイル］ダイアログボックスを開きましょう。まず枠のシェイプに効果を適用します。ここでは円筒のガラス管らしく見せたいので、オブジェクトが浮き出すような効果が得られるベベルを適用します。

① 練習用ファイル「6-7.psd」を開きます。［レイヤー］パネルで［長方形1］レイヤーの右側あたりをダブルクリックします❶。

② [レイヤースタイル]ダイアログボックスが表示されます。[ベベルとエンボス]を選択し②、以下のように設定します。

スタイル：ベベル（内側）③
サイズ：10px④
ソフト：3px⑤
角度：-2°⑥
高度：40°⑦
光沢輪郭：リング二重⑧
ハイライトのモード：通常⑨
不透明度：100%⑩
シャドウのモード：通常⑪
シャドウのカラー：#59c3e1⑫
不透明度：100%⑬

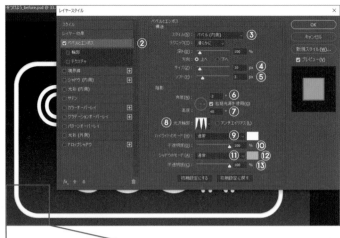

長方形が立体的になった

ここがPOINT

ベベルとエンボスの設定値

ベベルはオブジェクトを押し上げるような効果、エンボスは浮彫の効果を表します。どちらもハイライトとシャドウによって浮き出す効果を生んでいて、[角度]は光源の位置、[高度]は光源の高さ、[光沢輪郭]は、光沢がどのように生じるかをグラフで表しています。

外側に漏れる光の効果を作る

ネオン管の外側に漏れる光は、レイヤースタイルの[光彩（外側）]で作ります。

① [光彩（外側）]を選択し①、次のように設定します。

描画モード：覆い焼き（リニア）-加算②
不透明度：100%③
光彩のカラー：#59c3e1④
スプレッド：10%⑤
サイズ：100px⑥
範囲：100%⑦

設定したら[OK]ボタンをクリックします⑧。

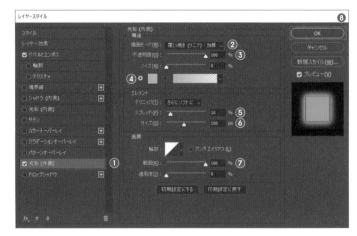

(2) 長方形に光の効果がつきました。

ここがPOINT

光彩（外側）の設定値

［スプレッド］は、オブジェクトが放つ光の範囲を示します。値が大きいほど光の量が増え、小さいほどぼんやりとした光になります。［輪郭］はオブジェクトからどのような形で光が放たれるかを表し、［範囲］で輪郭の範囲を決めます。範囲の値が小さいほど、輪郭が外側になります。

 ## レイヤースタイルをほかのレイヤーに複製する

枠に適用した光彩と同じ効果を、文字のレイヤーにもそのまま適用しましょう。レッスン5と同じようにレイヤースタイルをコピーしてペーストします。

(1) ［長方形1］レイヤーの［fx］を、Alt キーを押しながら［Coming soon］レイヤーまでドラッグします❶。

＼できた！／　平面的なシェイプに光と影の情報を加えて、ネオン管のように見せることができました！

（もっと）
＼知りたい！／

● **色を変えてみよう**

ネオンの色を変える場合は、レイヤースタイルのそれぞれの効果でカラーを変更します。［ベベルとエンボス］のシャドウのカラーと［光彩（外側）］の光彩のカラーを変えます。

長方形のカラーをピンク色に変更

文字詰めと見栄えの関係

写真のレタッチ以外にも、作品の見栄えに大きくかかわる要素があります。それがこの章でも扱ってきた「文字」です。ここでは見落としがちだけれどもデザインの仕上がりを大きく左右する「文字詰め」について見ていきましょう。

文字詰めとは、読んで字のごとく「文字同士の詰まり具合（間隔）」のことです。文字詰めを理解するためにまずは実例を見てみましょう。

フォントを選ぶ

フォントを選ぶ

上下の文字列を見比べてください。どちらも同じ種類、同じサイズのフォントで「フォントを選ぶ」と入力したものです。上は文字詰めをしていない状態で「ベタ組み」といいます。下は文字詰めをした状態です。ベタ組みの例は間延びして見えますね。特にカタカナの「フォント」の部分は、文字そのものの形や大きさがバラバラであるため、文字間隔が広すぎるように見えます。文字の間隔を適切に調整することによって、これだけ見た目に差が出るのです。

Photoshopでは、カーニングやトラッキング、ツメ機能を使えば自動的に文字間隔を調整できます。カーニングはカーソルの前後の文字間隔を調整する機能で、気になる部分をピンポイントで調整するのに向いています。トラッキングは選択した文字やテキスト全体の文字間隔を均等にするときに使います。ツメは、選択した文字の前後の間隔を調整する機能です。なお、カーニングには全体を自動的に調整する「メトリクス」「オプティカル」という機能もあります。メトリクスは欧文の「We」や「To」などベタ組みにすると間隔が広く見えてしまう組み合わせに対して自動的に文字詰めを行う機能です。日本語フォントでも一部メトリクスに対応しているものがあります。オプティカルは、Photoshopが自動的に文字詰めを調整する機能です。

文字詰めに正解はありません。プロの現場でも、読みやすさと見栄えのバランスを考えて、意図したメッセージがもっとも伝わりやすい形をその作品ごとに追及しているのです。

CHAPTER 7

風景をより印象的にする
テクニック

第7章では風景写真を題材にさまざまなテクニックを学びます。
写真を鮮やかにする、背景をぼかすなどの
よく使うテクニックや、蛍を描き足して幻想的な風景にするなど
見栄えのする写真の作り方も紹介します。

#色相・彩度 #トーンカーブ

鮮やかなカラーにしよう

動画でも
チェック！

https://dekiru.net/
yps_701

［色相・彩度］の調整レイヤーを使って、画像の彩度を上げて華やかな印象の画像にしましょう。

練習用ファイル
7-1.psd

Before

After

写真のカラフルな部分が鮮やかになるように、彩度を上げてみましょう。さらに、建物の
影になっている暗いところを明るくすることで、彩度を引き立たせます。

彩度を上げる

まずは調整レイヤー［色相・彩度］を使って写真の彩度を上げ
ましょう。

① 練習用ファイル「7-1.psd」を開きます。
［塗りつぶしまたは調整レイヤーを新規作成］をク
リックし❶、［色相・彩度］を選択します❷。

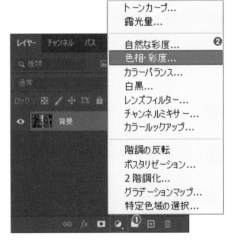

② ［プロパティ］パネルで［彩度］のスライダーを右にド
ラッグして❸、彩度を上げます。ここでは「+40」にし
ました。

彩度を上げすぎると、元の色が損なわれ
て不自然な仕上がりになってしまうの
で注意しましょう。

(3) 全体が鮮やかになりました。

特に奥のオレンジ色の壁や水面の光が反射している部分などの変化がわかりやすいですね。

明るくして、より華やかな印象にする

トーンカーブを使って暗い箇所を明るくしてみましょう。建物に光が遮られやや暗い写真ですが、明るくすることで、より華やかに見せることができます。

(1) 前のページを参考に、[トーンカーブ] の調整レイヤーを追加します❶。

(2) [プロパティ] パネルで、暗いところを調整するポイントを打ち、少し上にドラッグします❷。
トーンカーブの調整について ➡ 第3章レッスン6

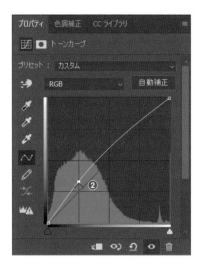

\ できた！/ 鮮やかで、全体的に明るい印象の写真になりました。

CHAPTER 7
LESSON 2

#スマートオブジェクト #フィルター #ぼかし（ガウス）

背景をぼかして
被写体を目立たせよう

動画でも
チェック！

https://dekiru.net/
yps_702

練習用ファイル
7-2.psd

被写体と背景の両方にピントが合った写真の背景をぼかして、手前だけにピントが当たっている
ような演出をしてみましょう。

Before

After

Beforeの写真では車と背景の両方にピントが合っていますが、まずは全体にフィル
ターをかけてぼかしてから、車部分のぼかしをマスクして、背景だけがぼけた写真にし
ます。このレッスンでは、画像をスマートオブジェクトにして、ぼかし具合をあとから
変更する方法も学びます。

知りたい！

● ピントとは？

ピントとは、カメラのレンズの焦点のことです。被写体にきちんとピントが合っていれば、
被写体はくっきりと写り、ピントが合っていなければ被写体はぼやけて写ります。被写体
にピントを合わせたとき、被写体の前後のピントが合っている範囲のことを「被写界深度」
といいます。被写界深度が深いと、被写体と背景の両方にピントが合い、被写界深度が浅い
と、被写体のみにピントが合います。

被写界深度

被写界深度が深い

被写界深度

被写界深度が浅い

スマートオブジェクトを作る

まずはスマートオブジェクトを作ります。スマートオブジェクトとは、元の状態を保持したまま編集できるオブジェクトのことです。フィルターなど画像を直接加工する操作を行う場合は、スマートオブジェクトにしておくとやり直しができて便利です。

① 練習用ファイル「7-2.psd」を開き、レイヤーを複製します❶。レイヤーオプションをクリックし❷、[スマートオブジェクトに変換]をクリックします❸。

② 複製したレイヤーがスマートオブジェクトになりました。
レイヤーのサムネイルにスマートオブジェクトのアイコンが表示されたことを確認します❹。

画像をぼかす

スマートオブジェクトにぼかしのフィルターをかけましょう。

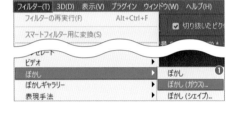

① [フィルター]メニューの[ぼかし]→[ぼかし（ガウス）]を選択します❶。

② [ぼかし（ガウス）]ダイアログボックスが表示されます。
[半径]に「10」と入力して❷、[OK]ボタンをクリックします❸。

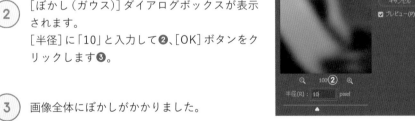

[半径]の数字が大きいほど、ぼけが強くなります。好みの数値にしてみましょう。

③ 画像全体にぼかしがかかりました。

── ここがPOINT ──

何度でもやり直しができる

スマートオブジェクトにフィルターをかけると、[スマートフィルター]として表示されます。通常のレイヤーにフィルターをかけるとやり直しができませんが、スマートフィルターは何度もやり直すことができます。効果の名前をダブルクリックすると❶、フィルターのダイアログボックスが表示されるので、そこから効果を再調整できます。

車の選択範囲を作る

車の部分にマスクをかけて背景だけをぼかします。まずはマスクをかけるために車の選択範囲を作りましょう。

① ぼかしを適用したレイヤーの［レイヤーの表示/非表示］をクリックし、非表示にします❶。［背景］レイヤーを選択します❷。

② ［選択範囲］メニューの［被写体を選択］をクリックします❸。
車を大まかに選択できました。

フィルターのかかったレイヤーはぼけているので、うまく選択できません。背景レイヤーから車を選択しましょう。

選択範囲を調整する

［被写体を選択］で選択しきれなかった箇所を、ほかの選択ツールを組み合わせて調整します。

① ［クイック選択ツール］を選択し❶、選択範囲を広げたり、削ったりして調整します❷。
クイック選択ツールの使い方 ➡ 82〜83ページ

選択範囲を削るときは Alt （ option ）キーを押しながらドラッグしましょう。

② ［クイック選択ツール］で調整が難しい部分は、クイックマスクモードを使い、ブラシで塗りつぶしていきます❸。
クイックマスクモードの使い方 ➡ 88〜89ページ

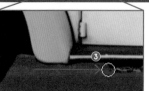

ここでは［被写体を選択］や［クイック選択ツール］を使いましたが、やりやすい方法で選択範囲を作りましょう。

③ 車を選択できました。

選択範囲にマスクをかける

作成した選択範囲を使って、車の部分にマスクをかけます。そうすることで、ぼかしの効果が隠れ、車にピントが合い背景だけがぼけた写真になります。

① ぼかしを適用したレイヤーの［レイヤーの表示/非表示］をクリックし、表示します**❶**。［スマートフィルターマスクサムネール］をクリックします**❷**。

② 背景色を黒に切り替えて**❸**、選択範囲を背景色で塗りつぶします。

> 描画色を切り替えるには X キーを押します。背景色で塗りつぶしは Ctrl + Back space （ ⌘ + delete ）キーを押すか、［編集］メニューの［塗りつぶし］をクリックします。

③ レイヤーのサムネールで車が黒く塗りつぶされたことを確認します**❹**。

＼できた！／ Ctrl （ ⌘ ）+ D キーを押して選択を解除します。背景をぼかして、被写体をより目立たせることができました。

> ぼかし具合を変更したい場合は、スマートフィルターの［ぼかし（ガウス）］の部分をダブルクリックして調整しましょう。

LESSON 3

#逆光 #レンズフィルター #描画モード

フレアを追加して輝かせよう

動画でもチェック！
https://dekiru.net/yps_703

フィルターを使って、画像にフレア（光の写り込み）を足す方法を解説します。

練習用ファイル
7-3.psd

Before

After

写真：齋藤朱門（Twitter /Instagram：@shumonphoto）

逆光フィルター を使って写真にフレア（光の写り込み）を合成します。元から存在したような自然な印象にしたいので、ここでは［レンズフィルター］も使って、フレアの色味を元の写真と合わせる方法も学びましょう。

フレアを足すことで、輝きが増し、より明るく印象的な写真を演出できます。

逆光フィルターでフレアを作る

描画モード［スクリーン］では、上に重ねた画像の黒い部分は透過、白は白、ほかの色は明るく合成されます。ここでは黒く塗りつぶしたレイヤーにフレアの効果をのせて、背景と合成することで、フレアの部分だけが明るく輝いているように見せます。

① 練習用ファイル「7-3.psd」を開き、新規レイヤーを作成します❶。

② 背景色を黒に設定し、[Ctrl]（[⌘]）+[Back space]（[delete]）を押します。

画像が黒で塗りつぶされました❷。
描画色と背景色 ➡ 137ページ

[D]キー（［描画色と背景色を初期設定に戻す］）と[X]キー（［描画色と背景色を入れ替え］）を組み合わせるとすばやく背景色を黒に設定できます。

③ ［フィルター］メニューの［描画］→［逆光］を選択します❸。

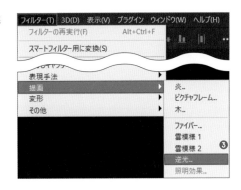

④ ［逆光］ダイアログボックスが表示されました。［50-300mmズーム］を選択して❹、［OK］ボタンをクリックします❺。

─ ここがPOINT ─

逆光フィルターとは？

逆光フィルターは、撮影時にカメラのレンズに光が当たって起こる逆光の効果を再現する機能です。光の明るさ、位置、レンズの種類を設定できます。

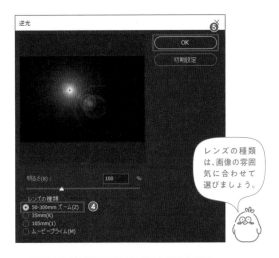

レンズの種類は、画像の雰囲気に合わせて選びましょう。

⑤ フレアができました。

描画モードを変更してフレアを写真に合成する

選択する描画モードによってレイヤーの重なり方を変更できます。白い（明るい）部分だけが合成される［スクリーン］のモードに変更して、フレアだけが合成されるようにしましょう。

① ［レイヤー］パネルで描画モードを［スクリーン］に変更します❶。

明るいフレアの部分だけが、下の写真に合成されました。

> [スクリーン]は、黒色が影響しません。フレアの背景を黒く塗りつぶした理由がわかりましたね。

フレアの位置を調整する

フレアを写真に重ねられたら、自由変形ツールで位置や大きさを変更して、太陽の輝きが増すように調整しましょう。

① [編集]メニューから[自由変形]を選択します❶。

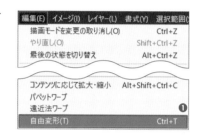

② バウンディングボックスが表示されるので、フレアの大きさや位置を調整します。ここでは、太陽とフレアの一番明るい箇所を重ねました。

ここがPOINT
自由変形のショートカット
自由変形のショートカットキーは [Ctrl] ([⌘]) + [T] キーです。

フレアの色味を写真と合わせる

[レンズフィルター]の調整レイヤーを使ってフレアの色を元の画像と合わせて温かみのあるオレンジにします。フレアのレイヤーだけに適用されるようにクリッピングマスクを作成しましょう。

① [塗りつぶしまたは調整レイヤーを新規作成]ボタンから[レンズフィルター]を選択して❶、[レンズフィルター]の調整レイヤーを作成します。
調整レイヤーの作成 ➡ 56ページ

② [レンズフィルター]の[プロパティ]パネルで、[フィルター]を[Warming Filter (85)]に設定し②、[適用量]を「50」%にします③。

③ 写真全体にレンズフィルターが適用されました。

> Warming Filterは、暖色系で温かみのある色味のフィルターです。全体にオレンジ色のフィルターがかかり、温かみのある雰囲気になっているのがわかります。

④ [レンズフィルター]のレイヤーを選択した状態で、[Alt]([option])キーを押しながら下のレイヤーとの境目を一度クリックします④。

⑤ クリッピングマスクが作成され、フレアの部分だけにレンズフィルターが適用されました⑤。

> クリッピングマスクを作成することで、直下のレイヤーにのみフィルターの効果を適用することができます。

＼できた！／ フレアを足すことができました。

● さまざまな描画モード

Photoshopにはたくさんの描画モードがありますが、その中から、代表的な描画モードをいくつか紹介します。ここでは2つの画像を合成したときの描画モードごとの見え方の違いを見てみましょう。すべてを頭で理解する必要はありません。描画モードでレイヤーを重ねたときの見え方が変わるということだけを覚えておいて、あとは実際に触って、好みの結果が得られるモードをその都度選んでいきましょう。

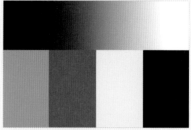

元画像　　　重ねる画像

2つの画像を合成したときの見え方の違い

通常

初期設定のモードです。初期値では不透明度100％なので、下のレイヤーは透けません。

乗算

元画像と重ねた画像を掛け合わせます。そのため全体的に濃い色合いになります。黒を重ねた場合は黒になり、白を重ねると何も変化しません。

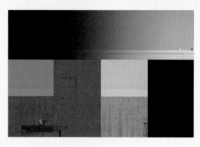

スクリーン

乗算とは逆の効果が得られるモードです。写真を明るくしたい場合などに使います。

オーバーレイ

乗算とスクリーンを組み合わせたような効果が得られます。明るいところはより明るく、暗いところはより暗くなります。

ソフトライト

オーバーレイをやわらかくしたような効果が得られます。重ねた画像が50％グレーよりも明るい場合は明るく、50％グレーより暗い場合は暗くなります。

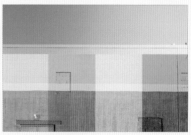

LESSON 4

#マスクの編集 #変形（遠近法）#ぼかし（移動）#トーンカーブ

光芒を加えて幻想的にしよう

動画でもチェック！

https://dekiru.net/
yps_704

練習用ファイル
7-4.psd

レイヤーマスクを使って画像に光芒（光の筋）を加える方法を紹介します。

太陽光が雲の切れ間から差し込むときなどに現れる筋状の光を光芒といいます。気象条件などが関係するため撮影するのが難しい現象の1つですが、Photoshopで光芒を作り出すことができます。ここでは、トーンカーブのマスクを光の形に調整して、その部分だけ写真の明度を上げることで、光芒を表現します。マスクの調整により工数をかけると、自然な仕上がりになります。

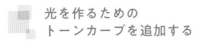

光を作るための
トーンカーブを追加する

まずは光を作るための調整レイヤーを追加します。あとで明暗を調整できるように、［トーンカーブ］の調整レイヤーを追加しましょう。

❶

写真：Sho Niiro
（Twitter:@nerorism）

（1）練習用ファイル「7-4.psd」を開き❶、［レイヤー］パネルで［トーンカーブ］の調整レイヤーを作成します❷。
調整レイヤーの作成 ➡ 64ページ

175

光の形にマスクを調整する

[トーンカーブ]の色調補正レイヤー全体をマスクして、トーンカーブの効果を適用したい範囲だけマスクを解除しましょう。マスクの階調を反転して、黒地に白いブラシで光の筋を描きます。

（1）[Alt]（[option]）キーを押しながら、[レイヤーマスクサムネール]をクリックします❶。
ドキュメントにマスクが表示されました❷。

> マスクの編集など、レイヤーマスクサムネールを画面に表示したいときはこの方法を使いましょう。

（2）[イメージ]メニュー→[色調補正]→[階調の反転]を選択します❸。マスクの階調が反転し、黒になったことを確認します❹。

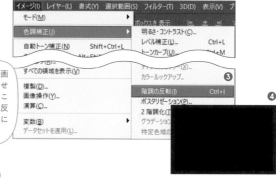

> [階調の反転]は画像の色を反転させる補正です。ここでは白の画像を反転させたので黒になります。

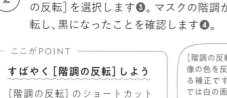

ここがPOINT

すばやく[階調の反転]しよう

[階調の反転]のショートカットキーは[Ctrl]（[⌘]）+[I]キーです。マスクを調整する際によく使うので覚えておきましょう。

（3）[ブラシツール]❏を選択し、描画色を白に設定します。
ここでは、輪郭がぼやけた太めの光の筋を描きたいので、[直径]を「400px」、[硬さ]を「50%」に設定しました❺。

（4）マスクの真ん中を[Shift]キーを押しながら上から下へまっすぐドラッグして❻、光の筋を描きます。

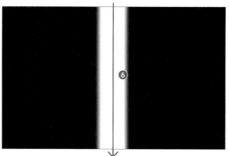

> この白い部分だけにトーンカーブが適用されます。

光の筋を変形する

前の手順で描いた光の筋を末広がりの形にして、降り注いでいる様子を表現します。

（1）[編集]メニュー→[変形]→[遠近法]を選択します❶。

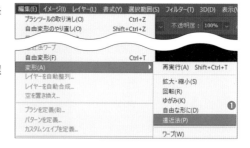

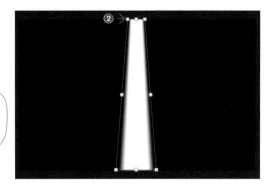

(2) 光の筋の周りにバウンディングボックスが表示されます。左上のコーナーを少しだけ右にドラッグします❷。形が決まったら Enter キーを押して確定します。

> 遠近法を使った変形で、コーナーをドラッグすると、ドラッグする方向にあるコーナーも同時に動きます。図を参考に末広がりの形になるように変形しましょう。

光の筋をぼかす

光の筋に［ぼかし（移動）］のフィルターをかけます。［ぼかし（移動）］はぼかす角度や距離を設定できます。

(1) ［フィルター］メニュー→［ぼかし］→［ぼかし（移動）］を選択します❶。

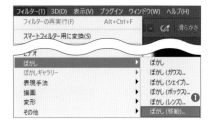

(2) ［ぼかし（移動）］ダイアログボックスが表示されるので、光の筋の周りをふんわりとぼかします。ここでは［距離］を「140」pixelに設定し❷、［OK］ボタンをクリックします❸。

> ── ここがPOINT ──
>
> **［ぼかし（移動）］の角度と距離が表すのは？**
>
> 角度はぼかす方向、距離はぼかす長さを表しています。ここでは角度0°、距離を140pixelに設定したので、水平方向に140pixel分だけぼかしが適用されます。［ぼかし（移動）］は人や乗り物に適用すると、残像のような表現になるので、スピード感を出すのにも適しています。

> 数値を高くしすぎると、全体的にぼけてしまいます。光の筋の周りだけがぼける程度に設定しましょう。

(3) 光の筋の輪郭がぼけました❹。

トーンカーブを調整する

第3章のレッスン6で解説したように［トーンカーブ］は明暗を調整できます。このレッスンでは、さらに白黒でマスクを作成しました。マスクのかかっていない光の筋の部分だけに、トーンカーブの補正が適用されます。元の画像は黒い部分が多いので、シャドウのポイントを上にドラッグすることで、光の筋全体を明るくしましょう。

(1) ［トーンカーブ］のサムネールをクリックします❶。

② ドキュメントがマスク
の表示から通常の画像
の表示に切り替わりま
す。[トーンカーブ] の
シャドウのポイントを
上にドラッグします❷。
右図を参考に、光の筋
が自然に見える明るさ
まで明るくしましょう。

光の筋が写真から浮きすぎないように自然な明るさ
にする

光の筋を変形、移動する

光の筋を右に傾け、さらに少し大きくしてより自然な光を演出しましょう。

① [編集] メニューから
[自由変形] を選択しま
す❶。

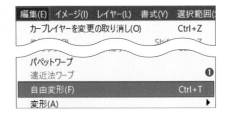

あと少し！
② 光の筋の周りにバウン
ディングボックスが表
示されます❷。バウン
ディングボックスをド
ラッグして、光の筋を
回転したり、大きくし
たりして、光の差し方
を調整します。

＼できた！／ 光芒が追加され、
幻想的な写真に
なりました。

作成した光芒を
複製して、複数
配置してもきれ
いですね。

CHAPTER 7
LESSON 5

#Camera Raw

サイバーパンク風の色彩にしよう

[Camera Raw フィルター] を使って、画像の色を変更します。ピンクと青が引き立つサイバーパンクな雰囲気の色味にしてみましょう。

動画でもチェック！
https://dekiru.net/yps_705

練習用ファイル
7-5.psd

このレッスンでは、[Camera Raw フィルター] を使い水色とピンクの色を引き立てることによって、サイバーパンク風の色を再現します。[Camera Rawフィルター] を使うことで、色ごとに強弱をつけるなど細かい色調の補正ができます。

「サイバーパンク」とはSFジャンルの１つで、鮮やかなネオンや煌びやかな夜の街並みが舞台の特徴です。

知りたい！

● Camera Rawフィルターとは？

Camera RawはRawデータを現像する（JPEGなどの汎用フォーマットに変換する）ためのフィルターです。ホワイトバランスや露光量の調節、かすみを除去するなど、さまざまな補正機能がこのフィルターにまとまっています。Rawデータだけでなく、JPEGやTIFFなどほかの形式の画像を編集することもできます。

補正用のレイヤーを作成する

レイヤーを複製し、複製したレイヤーをスマートオブジェクトに変換します。

① 練習用ファイル「7-5.psd」を開きます❶。

元の画像はオレンジやグリーンの色味も鮮やかでカラフルな印象です。ここから、色の補正を施して、水色とピンクが強調されるような色味にしていきます。

写真：omi（Twitter：@cram_box）

② ［背景］レイヤーを複製し、スマートオブジェクトに変換します❷。

レイヤーの複製 ➡ 67ページ
スマートオブジェクトに変換 ➡ 167ページ

スマートオブジェット

Camera Rawフィルターの［基本補正］を調整する

Camera Raw フィルター パネルを起ち上げて、色温度と色かぶり補正の値を調整します。
ここでは、水色とピンク色を引き立たせたいので、色温度のスライダーを左にドラッグして、青みを強調し、続けて、色かぶり補正のスライダーを右にドラッグして、ピンクの色を強調します。

① 複製したレイヤーを選択した状態で❶、［フィルター］メニューから［Camera Raw フィルター］を選択します❷。

「色温度」とは、光の色を数値で表したもの、「色かぶり」とは、画像が特定の色味に偏っている状態のことを指します。

② Camera Raw フィルターの編集画面に切り替わります。［基本補正］の［>］をクリックして開きます。水色とピンクそれぞれが引き立つバランスを探して［色温度］と［色かぶり補正］を調整します。ここでは［色温度］を「-50」❸、［色かぶり補正］を「+25」❹に設定しました。

［色相］を補正する

［色相］からさらに細かい色の設定をしていきます。画像を確認しながら、水色とピンクの色が引き立つように、色ごとに調整していきます。

> 画像を見ると、暖色系のネオンには赤やオレンジが含まれているのがわかります。このオレンジの色味をピンクに寄せていきます。さらにブルーやアクアなど青系の色を、少し緑がかった水色に寄せましょう。

1 ［カラーミキサー］の［>］をクリックして開きます。
［色相］の各色を右図のように調整しました**❶**。

2 ［OK］ボタンをクリックします**❷**。

＼できた！／ 青とピンクの色が引き立つ、サイバーパンク風の画像になりました。

> スマートオブジェクトに変換しているため、何度でもやり直すことができます。好みの色に調整しましょう。

#HDRトーン #色相・彩度 #フィルターギャラリー

アニメ風に加工しよう

動画でもチェック！

https://dekiru.net/yps_706

[HDRトーン]を使って、写真をアニメのようなポップな色合いにする方法を説明していきます。

練習用ファイル
7-6.psd

このレッスンでは、風景写真をアニメの背景画のように加工する方法を学びます。[HDRトーン]を使って、画像の明暗差を少なくする、全体を明るくする、粗くする、鮮やかにするなどの加工を施して、デジタルで描いたようなアニメの風合いを再現します。

知りたい！

● HDRトーンとは？

HDRとは「ハイダイナミックレンジ」の略称で、非常に広い範囲の明るさレベルを表現できる技術です。[HDRトーン]の機能を使うと、より繊細な明暗幅の調整ができます。

シャドウを明るくする

色調補正の［HDRトーン］を使って、画像の明暗差を少なくしたうえで、全体を明るくします。さらに彩度も上げて鮮やかにしましょう。

① 練習用ファイル「7-6.psd」を開きます**❶**。

写真：ジェットダイスケ（Twitter/Instagram：jetdaisuke）

② ［イメージ］メニュー→［色調補正］→［HDRトーン］を選択します**❷**。

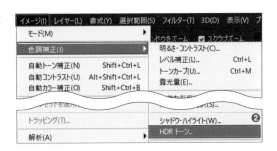

③ 写真を確認しながら、［HDRトーン］ダイアログボックスで数値を調整します。
ここでは数値を次のように設定しました。

ガンマ：0.7 **❸**
露光量：1.00 **❹**
ディテール：-10 **❺**
彩度：+30% **❻**

ガンマと露光量を少し上げて、ディテールをやわらかくしました。さらに、彩度も上げて鮮やかな色彩にしています。設定したら、［OK］ボタンをクリックします**❼**。

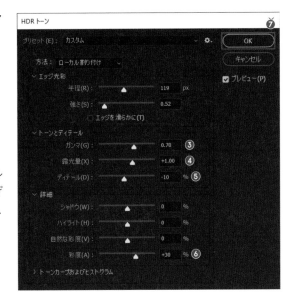

ここがPOINT

ガンマ、露光量、ディテールとは？

ガンマ……明暗差を数値で表したもので、数値を上げると明暗差が少なくなります。
露光量……撮影時の光量を表します。数値を上げると、光の量が増え明るくなります。
ディテール……画像の細やかさを表します。数値を下げるとやわらかくなります。

④ 鮮やかで明るい印象の画像になりました。

特定の色相を変更する

［色相・彩度］の調整レイヤーを使って、特定の色の色相だけ変えていきます。ここでは、
青の色味を黄色寄りにして、現実離れした鮮やかな色彩の空を演出します。

① ［色相・彩度］の調整レイヤーを作成します❶。
　　調整レイヤーの作成 ➡ 164ページ

② ［色相・彩度］の［プロパティ］パネルで［シアン
　　系］を選択します❷。

　　写真を確認しながら、色相と彩度を調整しま
　　す。

　　ここでは、色相を「-10」、彩度を「+30」に設定
　　しました❸。

色別に指定して色相や彩度を調整することができます。ここではシアン系の色相を青から黄緑寄りにして、彩度を強くしています。

＼できた！／ アニメのようなポップな色合いにでき
　　　　　　ました。

もっと
知りたい！

● 写真を手描き風にする

[フィルターギャラリー]を使うと、より手軽にさまざまな加工を楽しめます。
ここでは、[塗料]を使ってブラシで描いたような雰囲気にしていきます。

① [背景]レイヤーを複製します❶。

② [フィルター]メニュー→[フィルター
ギャラリー]を選択します❷。

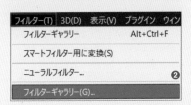

③ [アーティスティック]の中から、[塗
料]を選択します❸。

④ プレビューを確認しながら調整しま
す。ここでは数値を次のように設定
しました❹。

ブラシサイズ：15
シャープ：6
ブラシの種類：幅広（シャープ）

⑤ [OK]ボタンをクリックします❺。

ブラシで描いた絵画のような雰囲気
にできました。

ブラシサイズを大き
くすると、ベタ塗り感
が増し、簡略化された
印象になります。

CHAPTER 7 #ブラシの読み込み #カラールックアップ

LESSON 7 ブラシで蛍を描こう

撮影の難しい蛍を、ブラシを使って合成する方法を紹介します。

動画でも
チェック！

https://dekiru.net/
yps_707

練習用ファイル
7-7.psd

このレッスンでは、あらかじめ用意したブラシを読み込んで、蛍の光を描いていきま
す。まずは「カラールックアップ」で、昼間に撮影された写真を夜の色味に変えます。色
が整ったら読み込んだブラシで蛍の光を描きましょう。ブラシを使い分けて、奥行きを
出すのがポイントです。

夜の風景にする

カラールックアップを使用して、昼
間に撮影された写真を夜の風景に
変えてみましょう。カラールック
アップは色調補正機能の1つです。
さまざまな色調補正がプリセット
されており、ワンクリックで写真の
印象を変えることができます。

① 練習用ファイル「7-7.psd」
を開きます。

写真：kix.（Twitter：@KIX_dayinmylife）
モデル：セミ（Twitter／Instagram：@meenmeen_0）

② [カラールックアップ]の調整レイヤー
を作成します❶。

    調整レイヤーの作成 ➡ 56ページ

③ [プロパティ]パネルの[3D LUT
ファイル]の⌄をクリックし❷、
[NightFromDay.CUBE]を選択します
❸。
すると、一気に夜の風景になりました
❹。

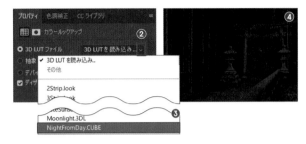

④ 少し明るくしたいので[レイヤー]パネ
ルの[塗り]を「70%」にします❺。

ここがPOINT

[塗り]と[不透明度]の違いについて

レイヤーパネルには[塗り]と[不透明度]の項目があり、どちらも不透明度を調整できます。
違いは、レイヤースタイルの効果まで透明度の影響が出るかどうかという点です。
レイヤースタイルまで含めて不透明度を調整したい場合は[不透明度]から行いましょう。

 ## 蛍のブラシを読み込む

この練習用ファイルには蛍が描けるブラシを
あらかじめ用意してあります。まずはブラシを
読み込みましょう。

① ツールパネルから[ブラシツール]を選
択します❶。

② オプションバーの⌄をクリックし❷、ブ
ラシの設定パネルを表示します。

③ 右上の歯車のアイコンをクリックし❸、
[ブラシを読み込む]を選択します❹。

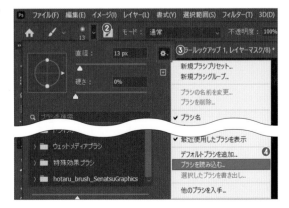

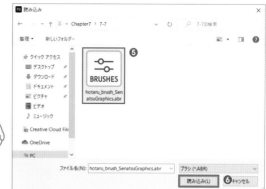

④ 「7-7」フォルダにある「hotaru_brush_SenatsuGraphics.abr」を選択し⑤、[読み込み]ボタンをクリックします⑥。

これでPhotoshopに新しいブラシが読み込まれました。

レイヤーとブラシを設定する

まずは蛍を描くための新しいレイヤーを作成します。奥に見える蛍の光と手前に見える蛍の光を分けて描くので、2つのレイヤーを作成し、あわせて描画色を蛍の光の色に設定しましょう。

① 2つの新規レイヤーを作成し、レイヤー名を変更します❶。ここでは奥の蛍の光を描くレイヤーとして「後景」、手前の蛍の光を描くレイヤーとして「前景」という名前にしました。

図のように、「前景」のレイヤーが上になるようにしましょう。

② [描画色を設定]をクリックし❷、[カラーピッカー(描画色)]ダイアログボックスを開きます❸。ここでは蛍の光の色として「f1f404」に設定し❹、[OK]ボタンをクリックします❺。

蛍の光を描く

まずは奥に見える蛍の光を描きます。ここで使うブラシは、一度のクリックで広範囲に描画されるブラシです。蛍の光を入れたい位置でクリックしましょう。

① [後景]レイヤーをクリックします❶。

② オプションバーの　をクリックし❷、ブラシの設定パネルを表示します。「hotaru_brush_SenatsuGraphics」フォルダを開いて❸、「hotaru_back」を選択します❹。

③ マウスポインターを画像の上に移動すると、ブラシのプレビューが白く表示されます。蛍を描きたい位置が決まったら、その位置でクリックします❺。

④ 蛍の光が描かれました。

あともうちょっと！
⑤ 次に手前の蛍の光を描きます。[前景]のレイヤーを選択し❻、ブラシの種類を[hotaru_front]に変更します❼。

手前にいる蛍の光用のブラシなので、「hotaru_back」のブラシより、光の粒が大きいです。

＼できた！／ 手順③と同じように、任意の場所をクリックして、手前の蛍の光を描いたら完成です。

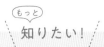

●光の広がりを足してより華やかにしよう

基本の描き方がわかったら、さらに光の広がりを追加してみましょう。
光を描いたレイヤー名の右側をダブルクリックして❶、[レイヤースタ
イル] ダイアログボックスを表示します。[光彩 (外側)] をクリックし
て、下図のように設定します。すると、1つ1つの光がぼんやりと発光し
たような効果が得られます。

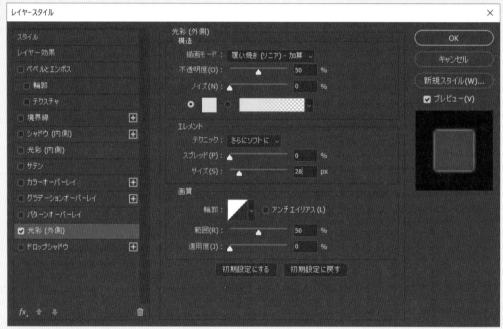

Before

After

1つ1つの光がさらに
光彩を放ち、より華
やかな印象になる

CHAPTER 7

LESSON 8

#Camera Raw #赤外線写真 #チャンネルミキサー
#レベル補正

赤外線写真を幻想的な写真に現像しよう

動画でもチェック!

https://dekiru.net/
yps_708

赤外線写真をPhotoshopで現像する方法を紹介します。赤外線写真ならではの幻想的な雰囲気を活かした補正をしていきましょう。

練習用ファイル
7-8.ARW

Before

After

写真:yuuui(Twitter:@uyjpn)
撮影地:杉本寺

このレッスンでは画像の赤外線写真のRawデータを利用して、美しく幻想的な風景写真を作成します。元になるRawデータは、緑に茂る木々や生け垣が美しい風景を赤外線で撮影したものです。全体的に赤みの強い写真で、本来緑色の木などが白っぽく写っているのがわかります。これを[Camera Raw]や[チャンネルミキサー]、[トーンカーブ]などを使って、青空を背景に桜の木が美しく並ぶような、幻想的な風景写真に仕上げていきます。

知りたい!

● 赤外線写真とは?

赤外線写真とは、人間の目には見えない波長の光を利用して撮影した写真のことです。デジタルカメラに赤外線フィルターを装着したり、特殊なカメラを用いることで撮影できます。赤外線写真では、赤外線を反射しやすい植物などが、白っぽく写ります。これは「スノー効果」と呼ばれるもので、緑が続く野原を白い雪原のように見せるといった演出がよく見られます。

Rawデータを開いて色温度と色かぶり補正を調整する

Rawデータを Photoshopで開くと、レッスン5でも学んだ[Camera Raw]が起ち上がります。まずは[色温度]、[色かぶり補正]の値を設定していきます。この作業は、あとでカラースワップという画像の色を入れ替える作業を行うための下準備です。

① 練習用ファイル「7-8.ARW」を開きます。

② Camera Rawワークスペース
が開きます。

③ ここでは、空の色をオレンジ色
に、葉の色を白っぽいピンク色
になるように調整します。[色
温度]のスライダーを左いっぱ
いにスライドして「2000」に設
定します❶。
[色かぶり補正]の値は「-70」
に設定します❷。

あとで空と葉っぱの色を分けて色づける
ために、全体的に赤い写真の中でも葉っぱ
と空の色に少し色相差をつけます。

明るさや彩度を調整する

ハイライトの値を下げて、全体的に少
し暗くします。暗くなった分、露光量
で光の量を調整します。次に明瞭度と
彩度を上げることで、暗くてもくっき
りとした鮮明な画像にしましょう。

① 次のように設定しました。

露光量：+0.45❶
ハイライト：-100❷
明瞭度：+15❸
自然な彩度：+30❹
彩度：+30❺

ハイライトを下げること
で白飛びを防ぎ、よりディ
テールを出すことができ
ます。

――― ここがPOINT ―――

[彩度]と[自然な彩度]は
何が違う？

[彩度]は画像全体の彩度を
均等に調整します。それに
対して[自然な彩度]は鮮や
かさが足りない部分を重点
的に調整して、全体的な彩度
のバランスを整えます。

②　［開く］をクリックします❻。
調整内容が反映された画像が
表示されます。

色を入れ替える

空の色を青く、葉の色を青みがかったピンク色にします。ここでは写真の色をRGBの
チャンネルごとに調整できる［チャンネルミキサー］を使って、レッドをブルーに、ブ
ルーをレッドにするという、色の入れ替え（カラースワップ）を行います。

①　［チャンネルミキサー］の調整
レイヤーを追加します❶。
調整レイヤーを作成する ➡ 56ページ

②　［プロパティ］パネルで、［出力
先チャンネル］が［レッド］に
なっていることを確認し❷、
［レッド］の値を「0」%❸、［ブ
ルー］の値を「+100」%にしま
す❹。次に［出力先チャンネル］
を［ブルー］に変え❺、［レッド］
の値を「+100」%❻、［ブルー］
の値を「0」%にします❼。

ここがPOINT

チャンネルミキサーを理解しよう

チャンネルミキサーとは画像を構成するRGBまたはCMYKそれぞれのチャンネルを
指定してその成分を調整する機能です。出力先チャンネルで選択したチャンネルが
100%に、ほかのチャンネルが0%になっています。下のスライダーで成分を調整する
と、出力先チャンネルの色がその設定値に置き換わります。

③　色相が入れ替わりました。
ここでは、空のオレンジの色相
がシアン（水色）に、影の紫の
色相がピンクになりました。

明るさを補正する

レベルを補正してコントラストをつけていきます。

① [レベル補正] の調整レイヤーを追加します**❶**。

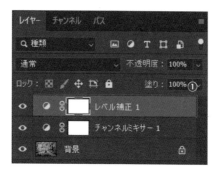

② ハイライト部分を明るく、シャドウ部分を暗くしてコントラストを付けます。中間調も少し明るくして、やわらかい雰囲気を出します。ここでは「20」「1.45」「190」に設定しました**❷**。

メリハリのある写真になった

レッドとブルーの色を調整する

[レベル補正] では明るさだけではなく、チャンネルごとの色の量を調整することもできます。画像に赤みを足し、青みを減らします。

① 画像の赤みを調整したいので、補正する対象を [レッド] に変えます**❶**。ハイライトの赤みを強め、中間調の赤みを少し弱めます。ここでは「0」「0.80」「200」に設定しました**❷**。

ハイライト部分（葉）の赤味を強めてピンク寄りに、中間調（葉の影）から赤みを引いて影を青寄りにしています。

2 補正する対象を［ブルー］に変えます❸。シャドウを「10」に設定し❹、シャドウ部分から青みを引きます。さらに出力レベルを「195」に設定し❺、ハイライトを中心に青みを引き、全体の色調を暖色寄りにしています。

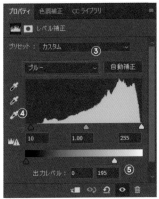

より鮮やかな印象になりました。

彩度を上げる

最後に全体の彩度を上げて、華やかな印象にしましょう。

1 ［色相・彩度］の調整レイヤーを追加します❶。

2 ［プロパティ］パネルで［彩度］を上げます。ここでは「+20」に設定しました❷。

＼できた！／ 赤外線写真を幻想的な写真に現像できました。

写真と加工のいい関係

「ノーレタッチ」「撮って出し」こんな言葉を見かけます。いずれも撮影したままの無加工の写真という意味です。これらはハッシュタグにもなり、SNS上ではどちらがいいか議論になることもよくあります。ここでは少し、写真と加工の関係についてお話ししましょう。

私自身は、加工ありなしでどちらがすぐれているかではなく、目的に合わせて使い分けができることが大切だと感じています。
空が曇っていたり、観光客がたくさん写り込んでしまったりといった理由で意図通りの写真が撮れないということは普通に起こりえます。そんなとき、本来であればボツにしてしまう写真を1枚でも多く救えたなら、それはすばらしいことだと思います。反対に、すべての条件が完璧に揃っていて、何も手を加える必要がなかったなら、それもすばらしいことだと思います。
限られたタイミングや条件下で、意図通りに撮影できたときの感動はひとしおです。でも、いつでもそんな瞬間に立ち会えるとはかぎりません。もし最高のタイミングで撮影できなかったとしても、レタッチできればその写真を蘇らせることができます。選択肢が増えるということは、自分にとっても見てくれるであろう人にとっても、きっと素敵なことですよね。

「レタッチ」と「ノーレタッチ」、どちらであっても人の心を動かすことができます。たとえば写真の構図や色味など作品性を魅力と感じる人にとっては、レタッチなどの編集技術も含めてその魅力の一部になるでしょう。写真に収められた景色を自分の目で見たい、その場に行ってみたいと思えるかどうかを写真に求める人にとっては、ノーレタッチのほうが魅力的に映るでしょう。

大切なのはレタッチ、ノーレタッチのどちらかにこだわることではなく、その写真の目的やターゲットを見据えた姿勢です。そして、目的に合わせたレタッチ技術を身につけることで、作品性の幅が広がります。みなさんが自分に合った「加工と写真のいい関係」を見つけられることを願っています。

CHAPTER

8

ポートレートの魅力を高める テクニック

この章では人物を被写体とした写真を加工するテクニックを紹介します。
モノクロやシネマライクといった色調の補正方法や、プラスひと手間で
被写体をより美しく見せるテクニックなどを学んでいきましょう。

CHAPTER 8

#色相・彩度 #白黒 #レベル補正

LESSON 1

モノクロ写真を作ろう

調整レイヤーを使ってカラー写真をモノクロにする方法を説明していきます。

動画でもチェック！

https://dekiru.net/yps_801

練習用ファイル
8-1.psd

このレッスンでは、調整レイヤーの［白黒］を使ってカラー写真をモノクロにしていきます。さらに、白い部分と黒い部分をより際立たせてメリハリのある写真にするために、［レベル補正］でコントラストも整えます。

> カラー情報をなくすだけでなく、コントラストを整えることでより魅力的な写真になります。

［調整レイヤー］でカラー写真をモノクロにする

［白黒］の調整レイヤーを作成し、カラー写真をモノクロにしていきます。

1 練習用ファイル「8-1.psd」を開きます❶。

❶

写真：Kou Kato（Twitter/Instagram：@ko_ref）
モデル：み（Twitter/Instagram：@she_is_423）

② ［レイヤー］パネルの［塗りつぶしまたは調整レイヤーを新規作成］をクリックし②、［白黒］を選択します③。

③ ［白黒1］という名前の調整レイヤーが作成され④、写真がモノクロになりました。

コントラストを上げる

ここからは［レベル補正］でコントラストを強くしていきます。明暗がはっきりとついた写真にしたいので、明るい箇所をより明るく、暗い箇所をより暗くしていきます。

① ［白黒］の調整レイヤーを作成した手順を参考に［レベル補正］の調整レイヤーを作成します①。

② ヒストグラム下のスライダーをドラッグして、明るい箇所（ハイライト）をより明るく②、暗い箇所（シャドウ）をより暗くします③。全体のバランスを見ながら中間調も少し明るくします④。
ここでは数値を次のように設定しました。

ハイライト：200
シャドウ：20
中間調：1.40

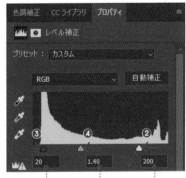

シャドウ　　中間調　　ハイライト

＼できた！／ メリハリのついたモノクロ写真にできました。

［イメージメニュー］→［カラーモード］→［グレースケール］を選択しても、モノクロ写真ができます。ただし、カラーの情報が破棄されてしまうので、元のカラー画像を残したままモノクロにできる調整レイヤーを使った方法がおススメです。

#レンズフィルター #レイヤースタイル #ブレンド条件

シネマライクな色調にしよう

動画でも
チェック!

https://dekiru.net/
yps_802

レンズフィルターを使って写真の色調を変えてみましょう。ここではシネマライクな色調にする方法を解説します。

練習用ファイル
8-2.psd

Before

After

映画で印象的な画にするために使われる手法の1つに、青とオレンジの補色を利用したカラー補正があります。ここでは、レンズフィルター機能で全体に青みをかけてから、肌や花のオレンジの色味との補色対比を強調する調整をして、映画のワンシーンのような、シネマライクな色味にしてみましょう。

知りたい！

●レンズフィルターとは？

カメラのレンズに色のついたセロファンなどを被せて撮影すると、全体の色味が変わったり、特定の光だけを通したりすることで特殊な効果を演出できます。これをカメラのレンズに取り付けられるようにしたものをレンズフィルターといい、さまざまなものが販売されています。Photoshopでもさまざまなレンズフィルターを擬似的に再現できます。

レンズフィルターをかける

シアンのフィルターをかけて、写真全体を青みがかった色合いに変えていきます。

① 練習用ファイル「8-2.psd」を開きます。
　［レンズフィルター］の調整レイヤーを作成します❶。
　調整レイヤーの作成 ➡ 56ページ

② [プロパティ] パネルで、[フィルター] から [Cyan] を選択します❷。ここでは [適用量] を「60」%に設定しました❸。

手や花の色が不自然にならない程度に青みをかけるため、シアンの適用量を60%にしました。

③ 写真全体がシアンの色調になりました。

ここからひと工夫して、肌の部分だけシアンをやわらげて、オレンジの色が活きるようにしましょう。

シアンのフィルターがかかる部分を調整する

[レイヤースタイル] の [ブレンド条件] を使って、フィルターがかかる部分を設定します。[ブレンド条件] では、明るさやRGBの値からレイヤーをブレンド（合成）する条件を設定できます。ここでは肌や時計など暗い部分にかかるシアンのブレンド具合をやわらげて元のオレンジ色が映えるようにしましょう。

① 調整レイヤーのレイヤー名の右の余白をダブルクリックします❶。

② [レイヤースタイル] ダイアログボックスで [ブレンド条件] の下側のバーを操作します。[Alt]（[option]）キーを押しながら黒いスライダー🔺の半分をドラッグすると❷、スライダーが2つに割れます。割れた右側のスライダーをバーの右端までドラッグします❸。

③ [OK] ボタンをクリックします❹。

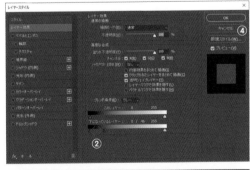

下になっているレイヤー： 0 / 255 255

右端までドラッグすると白いスライダーの後ろに隠れます。

＼できた！／ 肌にかかっていたシアンの色がやわらぎ、オレンジとシアンの対比が
美しいシネマライクな画像になりました。

ここがPOINT

ブレンド条件の操作方法を覚えよう

ブレンド条件が［グレー］の場合❶、［グレー］のスライダーは、明るさの段階を「0〜255」で示しています。

スライダーで囲んだ範囲だけにレンズフィルターがかかります。下のレイヤーを基準として、たとえば黒いスライダー▲を「130」までドラッグすると❷、「0〜129」までの暗い部分が除外され、「130〜255」の明るさの部分だけにブレンド（合成）する条件がついたレイヤーができます。

※ わかりやすくするために［Red］のフィルターを［適用量：100％］でかけて解説しています。

暗い部分にはレッドがブレンドされない

白いスライダー△を「140」まで左にドラッグすると❸、「141〜255」までの明るい部分がブレンドされません。

明るい部分にはレッドがブレンドされない

スライダーを割ると❹、割ったスライダーの範囲の明るさが徐々に透明になります。たとえば白いスライダーを割って、「140〜160」の範囲に分けると、その範囲だけ徐々にブレンドされるので、グラデーションのようにやわらかい表現になります。

このレッスンでは、0〜255すべての範囲の明るさをブレンドしますが、スライダーを割ることで全体的にシアンがやわらかくブレンドされています。

スライダーを割ると、グラデーションのように、やわらかくブレンドされる

CHAPTER 8

#オーバーレイ　#覆い焼きツール

LESSON 3

瞳を際立たせよう

動画でもチェック！

https://dekiru.net/yps_803

練習用ファイル
8-3.psd

ポートレートを魅力的にする方法のひとつ、瞳の加工にチャレンジしましょう。瞳の加工にはさまざまなテクニックがありますが、ここでは瞳に集まる光を強調する方法を紹介します。

Before

After

写真：渋谷美鈴（Instagram：@sby_msz）
モデル：senatsu（Instagram：@senatsu_photo）

このレッスンでは、「描画モードのオーバーレイ」と「覆い焼きツール」を使って、瞳に輝きを足す方法を説明します。濃い色の光彩を明るく見せるカラーコンタクトを付けると雰囲気が変わるように、これらの機能の使い方を覚えて、得たい雰囲気に合わせて加工できるようになりましょう。ここでは、白目を明るく整えてから、黒目（虹彩）に輝きを加えていきます。

╲ 知りたい！╱

● 覆い焼きとは？

覆い焼きとは、写真の一部を明るくしたいときに使うテクニックの1つです。フィルムから現像するとき、フィルムに光を当てて印画紙に焼き付ける紙焼きという作業を行います。このときに色を薄くしたい部分を黒い紙などで覆って光が当たる量を減らすテクニックが「覆い焼き」です。これと逆に色を濃くしたいときは、長時間光に当てる「焼き込み」という作業を行います。

Photoshopの覆い焼きツールや焼き込みツールは、こうした作業をデジタルで再現するものです。

白目を明るく整える

白目をより白く整えて際立たせます。白くするには覆い焼きツールを使って色を薄くします。

① 練習用ファイルを「8-3.psd」を開き、「白目」という名前で新規レイヤーを作成します❶。
新規レイヤーの作成 ➡ 30ページ

② [編集]メニューの[塗りつぶし]を選択します❷。

③ [塗りつぶし]ダイアログボックスが表示されます。
[内容]を[50%グレー]にして❸、[OK]ボタンをクリックします❹。

50%グレーは「中性色」といって、描画モードで合成したときに影響を与えない色です。たとえば白や黒で塗りつぶして描画モードをオーバーレイにすると、全体的に明るすぎたり暗くなりすぎたりしますが、50%グレーにすることで元の色合いを保ったまま合成できます。

④ レイヤーパネルで描画モードを[オーバーレイ]にします❺。

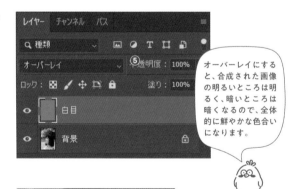

オーバーレイにすると、合成された画像の明るいところは明るく、暗いところは暗くなるので、全体的に鮮やかな色合いになります。

⑤ ツールパネルから[覆い焼きツール]を選択します❻。
オプションバーで[範囲]を[中間調]❼、[露光量]を[50%]にします❽。

白目レイヤーの50%グレーにやわらかいタッチが表現できる[中間調]に設定しました。露光量は明るさの度合いです。

サイズは白目の狭いところも塗りつぶせるように少し小さめにしましょう。

⑥ 白目の部分をドラッグして塗りつぶします。

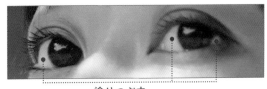

塗りつぶす

⑦ 両方の瞳の白目部分に覆い焼きが適用され、明るくなりました。

黒目に輝きを足す

黒目に輝きを足すのも白目と同じ要領で行います。黒目の補正用にレイヤーを作成してから作業しましょう。黒目は上側にハイライトがあり、下側と色合いが異なるので、そこを意識して補正していきます。

① 「黒目」という名前で新規レイヤーを作成し、前ページの手順③と同様に50%グレーで塗りつぶし❶、描画モードをオーバーレイにします❷。

② 前ページの手順⑤と同様に [覆い焼きツール] を選択して、黒目のハイライトを中心とした上側と下側を分けて塗りつぶしていきます。

塗りつぶす

正解はありません。何度もやりなおせるので、好きな輝きを探してみてください。

＼できた！／ 輝きが増し、瞳が際立ちました。

ここがPOINT

光の方向や位置を意識する

目は球体であることと、どの方向から光が当たっているのか、どこに光が当たっているのかを意識して補正するのが自然な輝きを加えるコツです。目はガラスのような球体なので、上から入った光は下から抜けていきます。そのため、目の上側にハイライトがある場合は、下側にも少し弱い光を足すと、光の流れを作り出すことができます。アニメキャラクターの瞳の描写などはよいヒントになるはずです。より美しく見える自分だけの瞳の輝きを探すのもおもしろいですね。

#カラー #色域指定 #色相・彩度

自然に髪の色を変えよう

動画でも
チェック!

https://dekiru.net/
yps_804

髪の毛の色を変える方法はいくつかありますが、ここでは簡単かつ自然に見える方法を紹介します。

練習用ファイル
8-4.psd

Before

After

写真:万城目瞬(Twitter:@0q_xney)
モデル:百合木美怜(Instagram:@mirei1202)

「カラー」の描画モードと「色相・彩度」の機能を使って髪の毛の色を変更します。まず準備として地毛の色が出てきた部分を自然に解消して、サロン帰りのようなより洗練された印象にします。そのうえで髪色を変えていきましょう。このレッスンでは、さらに違う色にする方法も紹介します。

地毛の色を染めた色に変える

髪を染めてから時間が経つと、地毛の色が出てきていわゆる「プリン」状態になります。まずはこの状態を解消し、髪色を均一にしましょう。ここではスポイトツールで色を採取し、自然な色合いで均一します。

① 練習用ファイル「8-4.psd」を開きます。ツールパネルから[スポイトツール]を選択します❶。

② 染めた色が残っている部分をクリックします**②**。色が採取できました。

③ [べた塗り]の塗りつぶしレイヤーを作成します**③**。採取した色で全体が塗られ、[カラーピッカー]ダイアログボックスが表示されます。色を確認して**④**、[OK]ボタンをクリックします**⑤**。

調整レイヤーの作成 ➡ 56ページ

レイヤーマスクサムネール

採取した色

 追加したべた塗りの調整レイヤーに、レイヤーマスクサムネールが付いています。レイヤーマスクサムネールは、そのレイヤーに対するマスクの状態を白と黒で表しており、白はマスクなし、黒はマスクがかかった状態です。今は白なので、べた塗りレイヤーにマスクがかかっていない（＝べた塗りレイヤーが全部表示されている）ことを表しています。

④ [レイヤー]パネルで描画モードを[カラー]にします**⑥**。べた塗りレイヤーの色と元画像が合成されます**⑦**。

⑤ 地毛の色が見えている部分だけにべた塗りレイヤーの色がかかるようにします。レイヤーマスクサムネールをクリックし**⑧**、Ctrl（⌘）＋Iキーを押して階調を反転します。するとレイヤーマスクサムネールが黒くなり**⑨**、べた塗りレイヤーがマスクされます。

 べた塗りレイヤー全体がマスクされると、元の画像が現れます。

（6）この状態で、地毛の色の部分だけマスクを解除して、べた塗りレイヤーの色が出るようにします。マスクを解除するにはその部分を白で塗りつぶします。ツールパネルから［ブラシツール］■を選択し、描画色が白であることを確認して⑩、地毛部分を塗りつぶしましょう⑪。

次の手順で地毛と染めた部分の境目を調整するので、少し広めに塗りつぶしましょう。

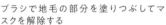

ブラシで地毛の部分を塗りつぶしてマスクを解除する

（7）地毛の色と染めた色の境目はグラデーションになっているので、薄くマスクをかけて自然に見せましょう。描画色を黒に変えて⑫、［不透明度］を30％くらいのやわらかいブラシで⑬、塗りつぶします⑭。

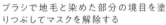

ブラシで地毛と染めた部分の境目を塗りつぶしてマスクを解除する

髪色を自然に変える

髪の毛だけを選択して色相・彩度で色を変更します。

（1）べた塗りレイヤーの右の余白をクリックして❶、選択します。［選択範囲］メニューの［色域指定］をクリックします❷。

（2）［色域指定］ダイアログボックスが表示されるので、髪の毛をクリックします❸。プレビューで図のように髪の毛が白く選択されるように調整しましょう❹。調整できたら［OK］ボタンをクリックします❺。

色域指定の使い方 ➡ 91〜92ページ

あと少し！

③ 指定した髪の毛と同じ色情報を持つ範囲が選択されました❻。
[レイヤー]パネルで[色相・彩度]の調整レイヤーを作成します❼。

調整レイヤーの作成 ➡ 56ページ

④ 赤系の色に変えてみましょう。[プロパティ]パネルで、[色相]を「-34」にします❽。

＼できた！／　髪の毛の色を変えられました。

顔の色まで変わってしまった場合は、顔部分だけマスクを薄くかけなおします。[色相・彩度]のマスクサムネールをクリックし、ブラシ（描画色：黒、モード：ソフトライト）で塗りつぶすと、マスクがかかり、元の色に戻すことができます。描画モードをソフトライトにすることで、ふんわりと自然な風合いでマスクをかけられます。

ここがPOINT

自然な色合いを目指すときのポイント

自然な風合いを出すには、髪の毛の性質や染められる色の範囲を知っておくことが大切です。特に明るい髪色を変更するときは、彩度や明度が現実とかけ離れやすいので注意が必要です。髪は私達が考える以上に光を吸収するため、あまりに明るく彩度が高い髪色は、あり得ません。Photoshopでは簡単に色を変えられますが、その結果をそのまま受け入れるのではなく、自然に見えるかどうか試行錯誤しながら進めましょう。

色相・彩度レイヤーを調整すると、さまざまなカラーバリエーションを作ることができる

#ぼかし（表面）#チャンネルの複製 #画像操作

肌を滑らかにしよう

動画でも
チェック！

https://dekiru.net/
yps_805

練習用ファイル
8-5.psd

肌の加工もポートレート作品には欠かせない作業の1つです。ここでは簡単なステップで肌のキ
メを整える方法を紹介します。

Before

After

写真：Keng Chi Yang（Twitter/Instagram:@keng_chi_yang）
モデル：朝日奈まお（Twitter/Instagram:@maokra__）

このレッスンでは、「ぼかし（表面）」と「レッドチャンネル」を使って、肌を滑らかに見せる
方法を説明します。ぼかしで肌のあらを一掃したら、レッドチャンネルを使って、ぼかし
たくない瞳や髪などを保護して、本格的なクオリティに仕上げましょう。

スマートオブジェクトに変換する

まずは効果のかかり具合を比較できるようにレイ
ヤーを複製します。さらに複製したレイヤーをス
マートオブジェクトに変換して、あとからやり直し
ができるようにしておきましょう。

① 練習用ファイル「8-5.psd」を開き、背景レイ
ヤーを複製します❶。

複製したいレイ
ヤーを選択して
Ctrl（⌘）＋J
キーを押すとす
ばやく複製でき
ます。

② 続いて複製したレイヤーをスマートオブジェクトに変換します❷。
サムネールにスマートオブジェクトを示すアイコンが付いたことを確認します。
スマートオブジェクトに変換 ➡ 167ページ

…スマートオブジェクトを示すアイコン

肌のあらを一掃する

ここではスピードを重視するために、肌をぼかすことですばやく肌のキメを整えます。
［ぼかし（表面）］機能を使って、自然な形で一括して補正します。

① ［フィルター］メニューの［ぼかし］→［ぼかし（表面）］を選択します❶。

┌─ ここがPOINT ─
［ぼかし（表面）］はどんな機能？

［ぼかし（表面）］は、輪郭線などはぼかさず、その物体の表面だけをぼかす機能です。

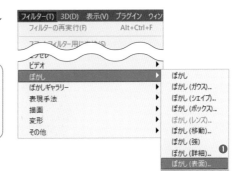

② ［ぼかし（表面）］ダイアログボックスが表示されます。プレビューを見ながら自然な肌のキメになるように調整しましょう。ここでは［半径］を「22」pixel❷、［しきい値］を「6」レベルにしました❸。設定ができたら［OK］ボタンをクリックします❹。

人と目を合わせて会話しているときは、その人の目に焦点を合わせているため、肌の細かいあらは気になりません。今回は、そのイメージに近づくように補正しています。

半径はぼかしの細かさ、しきい値はぼかしの量を表します。

③ 被写体の表面全体にぼかしが入りました。

拡大すると、より滑らかな印象に変化したことがわかる

瞳やまつげ、髪の毛のぼかしを解除する

ここまでの作業で肌はきれいに整いましたが、瞳やまつげ、髪の毛などの際立たせたい
部分も一緒にぼかしがかかっている状態です。これらの部分にマスクをかけて、ぼかし
効果がかからないようにしましょう。

① [チャンネル]パネルを表示します。[レッド]を[新規チャンネルを作成]ボタンまでドラッグします❶。
レッドチャンネルが複製されました❷。

> なぜレッドチャンネルを選ぶのかは次ページの「もっと知りたい！」で解説します。

② レッドチャンネルを補正して、レッドの要素を黒に変えていきます。複製したレッドチャンネルを選択した状態で、Ctrl（⌘）＋Lキーを押して[レベル補正]ダイアログボックスを表示します❸。

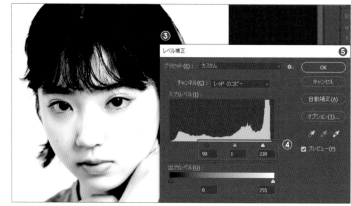

肌の部分が白く、瞳やまつ毛や髪の毛が黒くなるように調整する

③ マスクしたい部分（瞳、まつげ、髪の毛）を黒に、マスクしたくない部分（肌）を白に補正します。ここではシャドウを「90」、中間調を「1」、ハイライトを「230」にしました❹。
調整できたら[OK]ボタンをクリックします❺。
レベル補正 ➡ 第3章レッスン5

④ [レイヤー1]レイヤーにマスクを追加します。[レイヤー]パネルを表示し、[レイヤーマスクを追加]をクリックします❻。
[レイヤー1]レイヤーにマスクが追加されました❼。

⑤ マスクに、手順④で複製したレッドチャンネルを適用します。[イメージ]メニューの[画像操作]を選択します**⑧**。

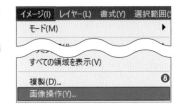

⑥ あともうちょっと！

[画像操作]ダイアログボックスが表示されます。[チャンネル]は[レッドのコピー]を選択して**⑨**、[描画モード]は[通常]を選択して**⑩**、[OK]ボタンをクリックします**⑪**。

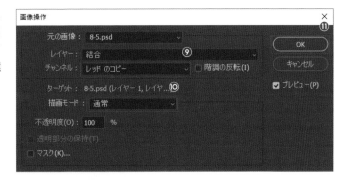

できた！ 瞳やまつげ、髪の毛の部分ははっきり見せつつ、肌をきれいに整えることができました。

もっと **知りたい！**

● マスクを作るための　チャンネル選び

このレッスンでは、瞳やまつげ、髪の毛などを保護するために、チャンネルを複製してマスクとして利用しました。どのチャンネルを複製するのかは、マスクしたい部分によって異なります。黒い部分がマスクされるというルールに沿って、この瞳やまつげなど、ぼかしたくない部分が黒く、ぼかしたい肌などの部分が白いレッドチャンネルを複製してマスクのベースとしています。

レッドチャンネル
瞳や髪の毛が黒く肌が白い

グリーンチャンネル
レッドチャンネルと比べると肌の部分がやや黒い

ブルーチャンネル
レッドチャンネルと比べると肌の部分が黒い

CHAPTER 8

LESSON
6

#レベル補正 #特定色域の選択

メイクをしよう

動画でも
チェック！

https://dekiru.net/
yps_806

練習用ファイル
8-6.psd

このレッスンでは、色調補正とマスクを利用したメイクの方法を紹介していきます。

Before

After

このレッスンでは、「レベル補正」と「特定色域の選択」機能で色と明るさを変更して、素肌にメイクを施す方法を説明します。メイク商品のカラーバリエーションや、自分のパーソナルカラーを知るために写真にメイクを施すなど、用途は多岐に渡ります。

写真：渋谷美鈴 (Instagram:@sby_msz)
モデル：み (Twitter/Instagram:@she_is_423)

アイシャドウの色を作る

肌の色合いを変更してアイシャドウの色を作り出します。ここではオレンジ系の色にしたいので、肌の色を濃くしてから、赤と黄が出るように補正します。

(1) 練習用ファイル「8-6.psd」を開き、[レイヤー]パネルで[レベル補正]の調整レイヤーを作成します❶。

(2) アイシャドウを載せるので、肌の色よりも濃い色に補正する必要があります。まずは少し暗くしましょう。チャンネルが[RGB]になっていることを確認して❷、中間調を「0.8」にします❸。

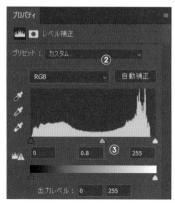

③ 赤を強くします。[レッド]に切り替えて④、中間調を「1.5」にします⑤。

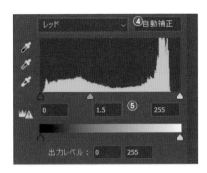

④ 黄を強くします。黄を出すには、青を引きます。[ブルー]に切り替えて⑥、[出力レベル]の範囲を変えます。ここでは「0」「170」にします⑦。
これでアイシャドウの色の完成です⑧。

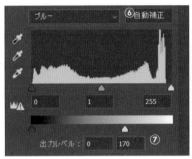

アイシャドウの色が全体にかかっている状態

マスクを作ってアイシャドウを載せる

メイクをしたい目の周りだけにアイシャドウのオレンジ色が残るように、それ以外はマスクをかけてオレンジ色を消します。

① レイヤーマスクサムネールをクリックし、Ctrl（⌘）+ I キーを押して階調を反転します。するとレイヤーマスクサムネールが黒くなり①、マスクがかかった状態になります。

調整レイヤーがマスクされたため、写真は元の色合いになった

② この状態から目の周りだけマスクを解除します。マスクを解除するにはその部分を白で塗りつぶします。ツールパネルから[ブラシツール]🖌を選択し、描画色が白であることを確認します。
ブラシの大きさを「70px」硬さを「0%」、不透明度は「30%」に設定し②、目の周りを塗ります③。

ブラシで目の周りを塗りつぶしてマスクを解除する

塗りつぶす範囲は好みで大丈夫です。

③ 目の周りだけマスクが解除されて、アイシャドウの色が載りました④。

④ レイヤーマスクサムネールを確認すると、マスクを解除した部分だけ白く表示されています⑤。

ここがPOINT

マスクの状態を確認しよう

マスクの状態を確認したい場合は [Alt]([option])キーを押しながらレイヤーマスクサムネールをクリックします。すると画面にマスクだけが表示されます。元に戻すときの操作も同様です。

締め色を載せる

続いて、二重幅や目のキワに締め色を載せましょう。やりかたは前の手順と同じでレベル補正を使います。締め色なので、アイシャドウの色よりも赤を強めに設定します。

① 214ページの手順①と同様に [レベル補正] の調整レイヤーを追加して①、[RGB] が選択されていることを確認し②、数値を「50」「1.00」「255」にします③。全体的に黒が強調されます。

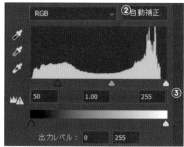

② 赤を強くします。[レッド] に切り替え④、中間調を「1.5」にします⑤。

締め色ができました⑥。

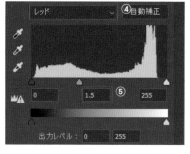

締めの色が全体にかかっている状態

③ 215ページの手順①②と同様に、マスクしてから、[ブラシツール]🖌で目のキワや二重部分のマスクを解除して、調整レイヤーの色を出していきます⑦。

目のキワに締め色が載りました⑧。

ブラシで目のキワを塗りつぶしてマスクを解除する

ブラシのサイズは適宜調整しましょう。

口紅を塗る

くちびるに口紅を塗ってみましょう。ここでは［特定色域の選択］調整レイヤーを追加
して、アイシャドウと同じようにマスクすることでくちびるの色だけを変更します。

① ［特定色域の選択］の調整レイヤーを追加します**❶**。
調整レイヤーの作成 ➡ 56ページ

ここがPOINT

［特定色域の選択］とは？

［特定色域の選択］では、レッド系、イエロー系、グリーン系などの色を選択して、画像内のその色合いに対するシアン、マゼンタ、イエロー、ブラックの割合を調整できます。ここではレッド系を選択し、写真の赤い部分（くちびる）だけが調整されるようにしています。

② 口紅の色を作ります。［レッド系］が選択されていることを確認し**❷**、数値を次のように設定します**❸**。

シアン：-55%
マゼンタ：0%
イエロー：+100%
ブラック：+80%

口紅の色ができました**❹**。

ここではアイシャドウの色と調和するように調整しました。

口紅の色が全体にかかっている状態

③ 215ページの手順①と同様に、全体をマスクしたら、ブラシツールの［不透明度］を「100％」に変え**❺**、くちびるのマスクを解除していきます**❻**。

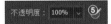

ブラシでくちびるを塗りつぶしてマスクを解除する

＼ できた！／ メイクを施すことができました！

#ダスト＆スクラッチ

LESSON 7 はねた髪の毛を整えよう

動画でも
チェック！

https://dekiru.net/
yps_807

背景を変えずに、髪の毛のはねた部分だけを消して整える方法を解説します。

練習用ファイル
8-7.psd

Before

After

写真：渋谷美鈴
（Instagram：@sby_msz）
モデル：senatsu
（Instagram：@senatsu_photo）

はねた髪の毛

このレッスンでは、「ダスト＆スクラッチ」を使って、はねた髪を簡単に消す方法を説明します。野外での撮影では、髪をセットして撮影に臨んでも風などさまざまな要因で髪が乱れます。それらを削除して整えることによって、洗練された印象に近づけます。ここでは、外にはねた数本の髪の毛を消してみましょう。

知りたい！

● ダスト＆スクラッチとは？

ダスト＆スクラッチとは、画像上のゴミを消去するフィルターです。コピースタンプツールなどと違うのは、フィルターであるため、広範囲に一括して適用できるという点です。ここではレッスン5や6などと同様に、マスクを使って必要なところだけにフィルターをかけるようにします。

画像全体をぼかす

まずは複製したレイヤーをスマートオブジェクトに変換して、あとからやり直しができるようにしておきましょう。ダスト＆スクラッチのフィルターをかけて、画像全体をぼかすことで、はねた髪などの細かな情報をなくしていきます。

① 練習用ファイル「8-7.psd」を開き、Ctrl（⌘）＋Jキーを押して［背景］レイヤーを複製します❶。
レイヤーの複製 ➡ 67ページ

② 複製したレイヤーをスマートオブジェクトに変換し**②**、[フィルター]メニューの[ノイズ]→[ダスト＆スクラッチ]を選択します**③**。

スマートオブジェクトに変換 ➡ 167ページ

③ [ダスト＆スクラッチ]ダイアログボックスが表示されます。はみ出た髪の毛が目立たなくなるように[半径]と[しきい値]を調整します。ここでは[半径]を「18」pixel**④**、[しきい値]を「2」レベルにしました**⑤**。調整できたら[OK]ボタンをクリックします**⑥**。

プレビュー画面を確認しながら、はねた髪の毛が目立たなくなる数値を探しましょう。

④ ダスト＆スクラッチが反映されました。画像内の主要な情報だけが平均化された状態になり、はねた髪の毛など細かい情報はなくなりました。

はねた髪の毛が見えなくなった。全体にフィルターがかかっている状態

必要な部分だけに反映する

マスクを使って必要な部分だけにダスト＆スクラッチ
が適用されるようにしましょう。

(1) マスクを追加します。ここでは全体がマス
クされた状態で追加してみましょう。[レイ
ヤー]パネルの[レイヤーマスクを追加]を Alt
(option) キーを押しながらクリックします❶。

(2) マスクされた状態（黒いマスク）でレイヤーマ
スク追加され❷、適用したフィルターが非表示
になりました。

(3) ダスト＆スクラッチを適用したい髪の部分だ
け、マスクを解除します。ツールパネルから[ブ
ラシツール] を選択し、描画色が白であるこ
とを確認して、髪の毛のはねた部分を塗りつぶ
します❸。

 マスクを解除する部分の境界線がやわらかく
なるように、ここではブラシサイズ「90px」、
硬さ「0%」で塗りつぶしています。

＼ できた！／ はねた髪の毛をすばやく消すことができました。

このダスト＆スクラッチを使えば、
背景が複雑でも、背景を変えずに、
はねた髪の毛など意図したところ
だけを簡単に消すことができます。

CHAPTER 8

#クイックマスク #変形（ワープ）

LESSON 8

服の形を修正しよう

ここではワープを使って、服の形を整える方法を紹介します。

動画でも
チェック！

https://dekiru.net/
yps_808

練習用ファイル
8-8.psd

Before

After

写真：万城目瞬（Twitter：@0q_xney）
モデル：朝日奈まお（Twitter/Instagram：@maokra__）

このレッスンでは、「クイックマスク」と「ワープ」を使って、風に舞った服の形を変形する方法を説明します。この方法を応用すれば、体や髪の形、顔の形も修正できるようになります。ここでは、風でふわりと膨らんだ服の前後の形を落ち着かせることで、風がやんだ状態で撮影した別カットのように見せてみましょう。

この方法を覚えると、写真1枚でいろんなアレンジができます。

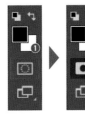

変更する服の範囲を複製する

服の形を変更するには、あらかじめ服の素材を用意しておく必要があります。ここではクイックマスクモードで、元の写真の服から、変更したい部分を選択します。

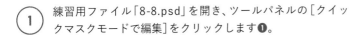

① 練習用ファイル「8-8.psd」を開き、ツールパネルの［クイックマスクモードで編集］をクリックします❶。

② ［ブラシツール］に切り替え
ます。描画色が黒であることを
確認して②、変更したい部分を
背景も含めて大きめに塗りつ
ぶします③。

> ブラシサイズは大きめにしたほうが
> すばやく塗りつぶせます。また境界
> 線をやわらかくしたいのでブラシの
> 硬さは0％にしています。ここでは
> 腕より前の部分を背景を含めて塗り
> つぶしました。

③ ツールパネルの［画像描画モー
ドで編集］をクリックします④。
塗りつぶした（マスクした）部
分以外が選択されました⑤。
Ctrl（⌘）＋ Shift ＋ I キー
を押して選択範囲を反転しま
す⑥。

④ 選択範囲を新しいレイヤーに
複製しましょう。Ctrl（⌘）
＋ J キーを押すと、新しいレイ
ヤーに選択範囲が複製されま
す⑦。

複製した服の素材を変形させる

ここからは複製した服の素材を、ワー
プ機能で変形させます。

① ［編集］メニューの［変形］→
［ワープ］を選択します①。

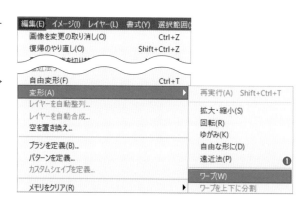

② 複製した服にバウンディングボックスが表示されます。バウンディングボックスの枠や中をドラッグして②、形を変更します。

③ 変形できたら `Enter`（`return`）キーを押して確定します。

服の膨らみが小さくなるように
変形する

④ 後ろ側も同じように［ワープ］を使って変形しましょう。［背景］レイヤーを選択した状態で❸、クイックマスクモードで選択範囲を作成します❹。選択範囲は右図を参考にするとよいでしょう。

背景まで広めに含めることで、
変形できる範囲が広がります。

⑤ 前ページの手順③と④を参考に新しいレイヤーに選択範囲を複製し、同じように［ワープ］を使って変形します❺。

ここがPOINT

ドラッグする位置に注意しよう

枠に近い部分を内側に向かってドラッグすると、下のレイヤーが見えてしまうので注意しましょう。

下のレイヤーが
見えている状態

後ろ側も服の膨らみが小さくなるように変形する

＼できた！／ 風に舞う服の形を、変えることができました。

メイクアプリとPhotoshop

皆さんは、スマートフォンの美顔アプリを使ったことがありますか？
使ったことはなくても、どんなアプリかその効果は目にしたことがあるかもしれません。よくSNSに流れている自撮り写真などで、白い肌に大きな瞳、なんとなくふわっとした空気感をまとった写真を見たことがあると思いますが、あのような写真のほとんどは美顔アプリで加工したものです。

アプリ内では、自動的に顔のパーツを認識して、瞳や肌などを補正していきます。面倒な操作なしに、タッチ操作だけで自動的に補正が行われ、さまざまなメイクが施せるのも美顔アプリが人気を集める理由の1つです。こういう話を聞くと、わざわざパソコンでPhotoshopを使って細かい補正をしなくても、もうアプリのほうが便利じゃないの？と思うでしょう。
しかし美顔アプリとPhotoshopには決定的な違いがあります。
それは画質です。
美顔アプリで加工を施された写真は、肌や着ている服などの質感が落ちて、ノイズも生じます。それが味わいでもあるのですが、もし元の写真のクオリティを保ったまま自然な形でメイクを施したいのなら、Photoshopに軍配が上がります。

この章で学んだように、Photoshopの補正機能によって肌のキメを整えたり、メイクを施したりとかなり自然に加工が行えます。また第1章でも触れたように、最近のPhotoshopはAIによる自動機能を搭載しています。たとえばPhotoshop 2021で搭載された「ニューラルフィルター」を使うと、より少ないステップで自然なメイクなどの補正を施せるほか、顔の向きや表情を変えることまでできます。
手軽に加工できるという利便性では美顔アプリが先を行っていますが、その利便性という面でもPhotoshopは進化しているのです。

元の写真

ニューラルフィルターで
メイクを施した写真

ニューラルフィルターでは、参考写真を
選ぶとその写真のメイクを再現できる

仕上がりはAIまかせで微調整など
がまだできないため、これからの
アップデートに期待したいですね。

CHAPTER
9

食べ物をおいしく見せる
テクニック

食べ物の写真を撮る機会は多いですが、
よりおいしく見せるにはちょっとしたテクニックが必要です。
食欲をそそる色に補正したり、みずみずしさを追加したりして、
見栄えのする写真を作ってみましょう。

#特定色域の選択 #自然な彩度

ケーキをおいしそうに見せよう

動画でも
チェック!

https://dekiru.net/
yps_901

「特定色域の選択」と「自然な彩度」を使って、ケーキをおいしそうに見せる方法を紹介します。

練習用ファイル
9-1.psd

Before

After

写真:Chez Mitsu(Twitter/Instagram:@chez_mitsu)

今回の写真はケーキが主役です。このケーキはサクサクした生地に赤いイチゴが載っており、全体的に赤や茶の暖色で構成されています。そのため、この暖色を引き立てる方向で補正をしていきます。またケーキが載っているガラス食器を見ると、自然光が透過してテーブルに影を映し出しています。このガラスや影の美しい質感を出すために、ガラスの色は青に寄せてみましょう。
このように最初に狙いを決めて首尾一貫した調整を行うことで、まとまった印象に仕上げることができます。

ハイライトだけを選択する

まずケーキ全体を暖色に寄せます。ここでは[特定色域の選択]の調整レイヤーを作成し、イチゴ(レッド系)や生地(イエロー系)からシアンを引くことで暖色に寄せましょう。

① 練習用ファイル「9-1.psd」を開き、[特定色域の選択]の調整レイヤーを作成します❶。

調整レイヤーの作成 ➡ 56ページ

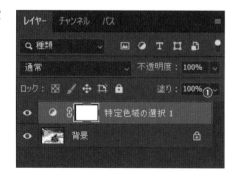

② ［カラー］を［レッド系］にして②、［シアン］を「-60」%にします③。

イチゴなど赤い部分から青みを引いた状態

［レッド系］を選ぶことで、写真内の赤い色味に対して補正を行えます。

③ ［カラー］を［イエロー系］にして④、［シアン］を「-60」%にします⑤。

パイ生地など黄色い部分から青みを引いた状態

今回のケーキの生地は黄色に近いので、イエロー系を選ぶことで生地の補正を行っています。

■ ハイライトの色味を決める

ハイライトとは、画像の最も明るい部分のことです。この写真のハイライトにあたるテーブルの白い部分を中心に色味を調整して、ケーキをより引き立てましょう。白を引き立てるため、テーブルなどの白に青を少し足して、黄色を引きます。

① ［カラー］を［白色系］にして①、［シアン］を「+10」%②、［イエロー］を「-25」%にします③。

テーブルなど白い部分の青みが増した状態

このように細やかな調整が、最終的な写真の印象を左右します。

ケーキとハイライト以外の色味を決める

グレー（中間色）の影になっている部分も青みを足していきましょう。

①　［カラー］を［中間色系］に
して❶、［シアン］を「+15」
❷、［イエロー］を「-15」
にします❸。

影など中間色の部分の青みが増した状態。この写真は、中間色の部分が多いため印象も大きく変わる

主役であるイチゴやケーキは赤でまとめたため、背景は赤と補色の関係にある青に寄せました。これでまとまりのある印象になりました。

鮮やかにする

補正の仕上げに、［自然な彩度］の調整レイヤーを追加してより鮮やかにしましょう。

①　［自然な彩度］の調整レ
イヤーを新規作成します
❶。
［自然な彩度］を「+50」に
します❷。

---- ここがPOINT ----

数値の上げすぎに注意しよう！

［自然な彩度］を強くしすぎると、塗り絵のような色合いになって透明感が損なわれることがあるので気をつけましょう。

＼できた！／ おいしそうな色合いにできました。

CHAPTER 9

#ブラシツール #明るさの最大値

LESSON 2

湯気を描こう

動画でもチェック！

https://dekiru.net/yps_902

練習用ファイル
9-2.psd

[ブラシ] と [明るさの最大値フィルター] を使って、カップに湯気を足す方法を解説します。

湯気をきれいに写すのは難しいものです。ここでは不自然にならないように、ブラシで湯気の軌跡を描いてから、さらにエフェクトをかけて湯気らしく見せるテクニックを紹介します。

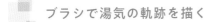

ブラシで湯気の軌跡を描く

まずはブラシで湯気の基本の形を描いてみましょう。ここではS字を2本描きます。

① 練習用ファイル「9-2.psd」を開きます。湯気がない状態の写真が表示されます。

写真：Chez Mitsu（Twitter/Instagram：@chez_mitsu）

② 新規レイヤーを作成します❶。
新規レイヤーの作成 ➡ 30ページ

③ [ブラシツール] ☑ を選択して、描画色を「白」、
[直径]を「380px」、[硬さ]を「0%」、[不透明度]
を「50%」、[流量]を「70%」にします。その状態
で図のようにカップからS字を描きます❷。

④ ブラシの直径を「145px」にして、先ほど描いた
S字と重なるようにS字を描きます❸。

湯気をもう1本描き加えます。2本
あることで奥行きやリアリティが
増します。1本目はブラシを太め
に、もう1本は半分以下くらいの
サイズにするとよいでしょう。

 明るさの最大値をかける

湯気らしく見せるために、ブラシで描いたS字の白い
部分をふんわりと広げます。やり直しがきくようにス
マートオブジェクトに変換しておきましょう。

① 作成したレイヤーをスマートオブジェクトに変
換します❶。
スマートオブジェクトに変換 ➡ 167ページ

② [フィルター]メニューの[その他]→[明るさの
最大値]をクリックします❷。

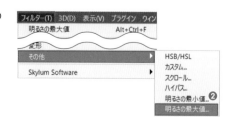

③ ［明るさの最大値］ダイアログボックス
が表示されるので、［半径］を「65」pixel、
［保持］を［真円率］にして❸、［OK］ボタ
ンをクリックします❹。

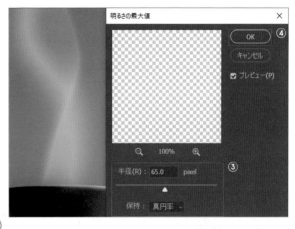

ここがPOINT

明るさの最大値フィルターとは？

白い部分を広げ、黒い部分を縮小します。ここ
では、明るさの強さに合わせて周りに攪拌
され、湯気のような雰囲気になりました。

フィルターが適用されるまで進行状況が表示
されます。時間がかかる場合があります。

\できた！/　絵心いらずで湯気を描くことが
できました。

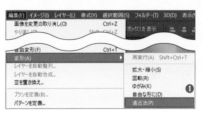

\もっと/
\知りたい！/

● **湯気を変形させてみよう**

変形の機能を使って湯気の方向や大きさを変え
ることもできます。ここでは［変形］の［遠近法］
を使ってみましょう。

① ［編集］メニュー→［変形］→［遠近法］
を選択します❶。

② スマートフィルターが一時的にオフ
になるというメッセージが表示され
るので［OK］ボタンをクリックしま
す❷。

③ 177ページを参考に湯気を変形しま
しょう❸。ここでは湯気が上に向かっ
て広がるように変形しました。

④ Enter（return）キーを押すと、変形が
反映されます。

#レイヤースタイル #グラデーションツール

水滴を足そう

動画でも
チェック!

https://dekiru.net/
yps_903

練習用ファイル
9-3.psd

「レイヤー効果」を使って、水滴を一から作る方法を紹介します。

Before

After

写真：Chez Mitsu（Twitter/Instagram：@chez_mitsu）

このレッスンでは、「レイヤー効果」を使って、水滴を作る方法を説明します。水滴は光の反射の法則に倣って描画することで、表現ができます。よく冷えたイメージを演出したい場合などに活用しましょう。

水滴の形の選択範囲を作る

クイックマスクを使用して、水滴の形の選択範囲を作成します。

① 練習用ファイル「9-3.psd」を開き、新規レイヤーを作成します❶。

新規レイヤーの作成 ➡ 30ページ

(2) ツールパネルの［クイックマスクモードで編集］をクリックし、クイックマスクモードにします②。ブラシツールを選択し、描画色が黒になっていることを確認して、水滴の形に塗りつぶします③。

水滴は、周りの水滴と同じくらいのサイズで、楕円と卵型の中間くらいを意識して描くと自然な形になります。ここではブラシサイズ：24px、硬さ90％で描きました。

(3) ツールパネルの［画像描画モードで編集］をクリックして描画モードに戻します④。するとマスクした部分（塗りつぶした部分）以外が選択されるので、Ctrl (⌘) + Shift + I キーを押して選択範囲を反転します⑤。

選択範囲を反転すると、クイックマスクモードで塗りつぶした範囲が選択範囲になる

水滴にグラデーションをかける

透明な水滴は、丸く浮かび上がって光を通しているため、表面の形ごとにさまざまな表情になっています。ここでは水滴に黒から白のグラデーションをかけます。このグラデーションはこのあとの手順で描画モードを合成するための下準備となります。

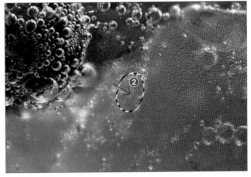

(1) ツールパネルの［グラデーションツール］を選択します①。描画色が黒であることを確認して、選択範囲を左上から右下へ斜め方向にドラッグします②。水滴の範囲に黒から白のグラデーションがかかりました③。Ctrl (option) + D キーを押して選択を解除します。

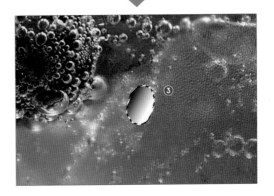

水滴の陰影をレイヤー効果で作る

水滴の陰影や光の屈折を作ります。さまざまなやり方がありますが、ここではレイヤー効果の光彩（内側）とドロップシャドウを組み合わせていきます。

① 下側が明るい様子を再現します。レイヤー名の右側をダブルクリックし❶、[レイヤースタイル]ダイアログボックスを表示します。[レイヤー効果]が表示されていることを確認し、[描画モード]を[ソフトライト]、[不透明度]を「80」%にします❷。

ここがPOINT

ソフトライトの効果とは？

ソフトライトは、オーバーレイを弱くしたような効果になります。ここでは、ソフトライトの効果でグラデーションの黒から白の階調に合わせて、水滴の暗い部分と明るい部分の変化を表現しています。

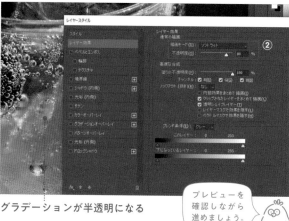

グラデーションが半透明になる

プレビューを確認しながら進めましょう。

② 続いて立体感を出すために水滴の内側の縁あたりを暗くします。[光彩（内側）]を選択し❸、[描画モード]を[ソフトライト]、[不透明度]を「100」%にして❹、そのほか下のように設定します。

カラー：黒❺
テクニック：さらにソフトに❻
サイズ：18px❼

水滴の光の屈折を再現する

③ 続いて水滴とグラスの接地面の影を作ります。[ドロップシャドウ]を選択し❽、[描画モード]を[オーバーレイ]、[カラー]を黒、[不透明度]を「60」%❾、そのほか下のように設定して❿、[OK]ボタンをクリックします⓫。

角度：127°
[包括光源を使用]にチェックを入れる
距離：7px
スプレッド：3%
サイズ：4px

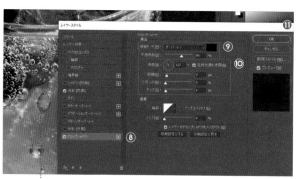

水滴とグラスの接地面の影ができる

角度を理解して、リアルな立体感を出そう

[角度]は影を作り出す光源の位置です。包括光源とは、ドキュメント全体で光源の位置を揃えるかどうかの設定です。また、[距離]はオブジェクトと陰の距離、[スプレッド]は影のエッジのぼかし具合を示します。

水滴のハイライトを描写する

仕上げに、水滴の輝いているハイライトの部分を描写しましょう。ハイライトを入れることで光が当たっている部分が特定でき、立体感が増します。

① 新規レイヤーを作成します❶。ツールパネルの［ブラシツール］ ✍ を選択し、描画色を白にして小さな点を描きます。ここではブラシの［直径］を「8px」、［硬さ］を「85%」にしました❷。

② 水滴の左上あたりをクリックします❸。

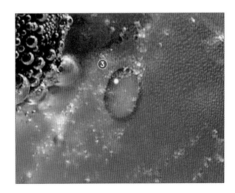

＼できた！／ 水滴ができました。
ほかにも水滴を追加して、冷えた飲み物の様子を表してみましょう。

ハイライトの形や、回り込みに合わせた形状の変化、ぼけ具合なども反映してみると、より自然な仕上がりになります。余力がある方は、トライしてみてください。

LESSON
4

食べものにツヤを足そう

動画でも
チェック!

https://dekiru.net/
yps_904

元からあるハイライト（ツヤ）を活かしてハイライトを増やします。好みの位置に自然なハイライトを追加しましょう。

練習用ファイル
9-4.psd

Before

After

ツヤを追加

写真：Chez Mitsu（Twitter/Instagram：@chez_mitsu）

このレッスンでは、元の写真のハイライト（ツヤ）を選択し、べた塗りレイヤーを使ってハイライトだけのレイヤーを作ります。そのレイヤーを使うことで元のハイライトのつや感やみずみずしさを残したまま自然にハイライトを追加します。仕上げとしてレイヤースタイルに光彩（外側）を追加して、光の滲みを表現します。

ハイライトだけを選択する

色域指定を使って、写真の明るい部分だけを選択します。

① 練習用ファイル「9-4.psd」を開き、[選択範囲] メニューの [色域指定] を選択します❶。

② [色域指定] ダイアログボックスが表示されます。写真のハイライト部分をクリックします❷。するとプレビューに選択されたハイライト部分だけが白く表示されるので❸、あとは [許容量] の数値を調整してハイライトがきちんと白く選択されるようにします。ここでは [許容量] を「40」にしました❹。設定できたら [OK] ボタンをクリックします❺。

許容量が大きいほど、選択される範囲が広がります。

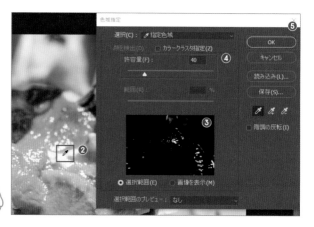

ハイライトだけのレイヤーを作る

前の手順でハイライト部分を選択しました。この状態で調整レイヤーや塗りつぶしレイヤーを作ると、選択した部分以外がマスクされた状態になります。ここでは白のべた塗りレイヤーを作成するので、ハイライト以外がマスクされた状態、つまりべた塗りの白がハイライトの形に表示された状態になります。

① ハイライト部分が選択されていることを確認し❶、[塗りつぶしまたは調整レイヤーを新規作成]をクリックし❷、[べた塗り]を選択します❸。

② [カラーピッカー]ダイアログボックスが表示されます。カラーフィールドで白を選択し❹、[OK]ボタンをクリックします❺。

ここではハイライトの色を表現したいので白にしました。

 ## ハイライトを好きな位置に置く

自由変形ツールを使って、ハイライトを好きな位置に移動させます。余分なハイライトはマスクで隠しましょう。

① [編集]メニューの[自由変形]を選択します❶。

② バウンディングボックスの枠や内側をドラッグして❷、ハイライトの位置を動かします。ここでは真ん中付近にある大きなハイライトを手前のオレンジに移動します。

大きなハイライトを手前のオレンジに移動

③ 移動できたら Enter
（return）キーを押して確
定します。

ハイライトを必要な部分だけ残す

前の手順では、べた塗りレイヤーのハイライトがすべて残った状態なので、いったんマ
スクして全部非表示にしてから必要な部分だけ表示します。

① べた塗りレイヤーを選択
して❶、Ctrl（⌘）＋ G
キーを押してグループ化
します。

② Alt（option）キーを押し
ながら［新規レイヤーマ
スクを追加］ボタンをク
リックします❷。すると
グループに黒いレイヤー
マスクサムネールが追加
され、グループがマスク
されます❸。

ここがPOINT

**グループ化して非破壊の
データを作ろう**

ここでグループを作成したの
は、前の手順で作成したハイ
ライトのマスクを破壊せずに
残すためです。グループ化し
たものにマスクを作成するこ
とで、ハイライトのマスクを
破壊することなく、必要な部
分だけを表示できます。

③ ハイライトを残したい部
分のマスクを解除しま
しょう。ツールパネルで
［ブラシツール］を選択
して、白でハイライトを
追加したい部分を塗りつ
ぶします。

レイヤーのマスクを子とし、
グループのマスクを親とする
イメージです。

ブラシの硬度を下
げてやわらかめに
することで、ハイ
ライトの境界線が
自然になります。

ツヤ（ハイライト）を残したい部分だけブラシでなぞって解除

ハイライトに滲みをプラスしてツヤを出す

追加したハイライトをより自然に見せるため、光が外側に滲みだす様子を表現しましょう。ここではレイヤースタイルの［光彩（外側）］を使います。

① ベタ塗りレイヤーのレイヤー名の右側をダブルクリックして❶、［レイヤースタイル］ダイアログボックスを表示します。

② ［光彩（外側）］を選択して❷、下のように設定し❸、［OK］ボタンをクリックします❹。

描画モード：スクリーン
不透明度：30%
色：白
テクニック：さらにソフトに
スプレッド：23%
サイズ：27px

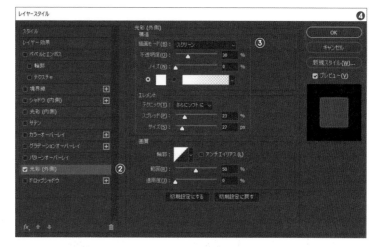

＼できた！／ ツヤを追加できました。

── ここがPOINT ──

レイヤースタイルを再調整するときは？

設定した効果はレイヤーの下に表示されています❶。ここをダブルクリックすると［レイヤースタイル］ダイアログボックスが表示されるので、再度調整できます。

おいしそうに見える色とシズル感

色は人の心理に影響を与えます。たとえばブルーの果実と、オレンジの果実を見比べたときに、おいしそうに見えるのはどちらでしょうか？ 果実が熟すときに、多くは赤やオレンジなど暖色系に色づきます。ブルーなど寒色系に熟すものはあまりないでしょう。このように自然界では暖色系に色づくことが多いことからも、一般的にはオレンジ色の果実のほうがおいしそうに見える人が多いのです。

色の組み合わせも私たちに影響します。たとえば緑一色のサラダよりも、赤いトマトや黄色いパプリカが添えられた彩り豊かなサラダのほうが、人の目を惹きつけ、おいしそうに見えるでしょう。そのような色の持つイメージを武器にすることで、より効果的な宣伝写真を作ることができます。

広告などでよく使われる表現に「シズル感」というのがあります。一般的には馴染みがない言葉なので、どういう状態を表すのかぼんやりしているかもしれません。元は肉を焼くときのジュージューという様子を表す英語「sizzle」から来ているのですが、食欲をそそるということから、おいしそうに見える様子を「シズル感がある」というようになりました。おいしそうに見える色彩に、さらにみずみずしい水滴やできたての湯気などを加えるのは、その写真を見た人の「あの果物や料理がおいしかった」という経験を呼び起こす効果があります。「どういう表現をすれば見た人の心を動かせるか」。レタッチするときは、その表現を届けたい相手のことを常に考えることが大切です。

ブルーの果実：不自然なイメージで食欲をそそられない　　　赤い果実：熟したイメージでおいしそうに見える

CHAPTER

10

プロに学ぶ！
ワンランク上の作品づくり

最後の第10章では、これまでの章で学んできたことを活かして、
複数の写真を合成する際のテクニックなどを学びましょう。
写真をただ重ねるだけでなく、マスクや描画モードを工夫して
魅力的な作品を作っていきます。

#複数の写真合成 #レイヤーのグループ化 #レイヤースタイル

動画でも
チェック!

https://dekiru.net/
yps_1001

ファンタジックな
空中水族館を作ろう

ここからは、複数の画像を合成して、1つの作品を作る過程を体験します。スクリーンの描画モード活かして、海の生き物たちが白く透き通る精霊のように空中を泳ぐイメージを作ります。

練習用ファイル
10-1.psd

Before

前景

After

後景

写真:kix. (Twitter:@KIX_dayinmylife)
モデル:セミ
(Twitter /Instagram:@meenmeen_0)

写真:senatsu
撮影協力:海遊館

このレッスンでは、選定した2枚の写真を、描画モード「スクリーン」を使って背景の上に重ねます。レイヤーをモノクロにすることで、明るい箇所をより明るくするスクリーンの特徴を活かして、透き通るスケルトンの海の生物を作りあげます。
写真の持っている幻想的な雰囲気を活かした作品を作る制作過程を追体験してみましょう。

 ## 複数の写真を配置する

前景の素材と後景の素材を背景写真に配置します。前景が一番手前になるように、後景の素材から配置しましょう。

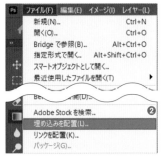

① 練習用ファイル「10-1.psd」を開きます❶。
[ファイル]メニューから[埋め込みを配置]を選択します❷。

② ［埋め込みを配置］ダイアログボックスが表示されます。まずは後景の画像を配置します。後景素材「CP10_1_material_1.png」を選択し❸、［配置］ボタンをクリックします❹。

③ 画面に「CP10_1_material_1.png」が配置されました。Enter（return）キーを押して配置を確定します❺。

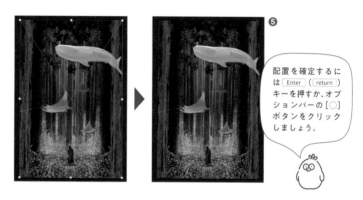

配置を確定するにはEnter（return）キーを押すか、オプションバーの［○］ボタンをクリックしましょう。

④ 同様に前景素材「CP10_1_material_2.png」を埋め込みで配置します。

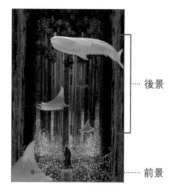

…… 後景

…… 前景

複数の写真をグループ化する

配置した複数の素材レイヤーをグループ化して、まとめておきます。こうすることで、グループ全体に補正やマスクをかけることができ、管理しやすいレイヤー構成になります。

① 配置した2つのレイヤーを選択し❶、Ctrl（⌘）+ Gキーを押してグループ化します❷。

② グループにわかりやすい名前を
つけておきましょう。ここでは
「material」と入力しました❸。

グループ全体に
補正をかける

materialグループの描画モードをスク
リーンにして、下の写真が見えるように
半透明にします。さらにカラー情報を
破棄して白黒にすることで明暗差だけ
を表示します。結果として、輪郭が光る
透き通る精霊のような印象になります。

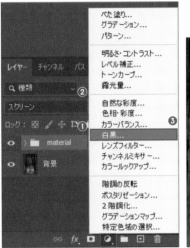

① ［material］グループを選択し
❶、描画モードを［スクリーン］
にして❷、［白黒］の調整レイ
ヤーを作成します❸。

② Alt（option）キーを押しながら
［白黒］レイヤーと［material］
グループの間をクリックして
❹、［material］グループで［白黒］
レイヤーにクリッピングマスク
を作成します❺。

③ ［material］レイヤーの透明部分
がマスクされ、ジンベエザメや
イトマキエイの部分だけ白黒が
残り、背景部分は元の色が表示
されました。

グループに
マスクをかける

上のジンベエザメと奥のイトマキエイが木の向こう側にいる様子を表現します。[material] グループにマスクをかけましょう。

(1) [material] グループにレイヤーマスクを追加します❶。

レイヤーマスクを追加するには、グループを選択し、[レイヤー]パネルの[レイヤーマスクを追加]ボタンをクリックします。

(2) マスクしたい部分をブラシ（黒）で塗りつぶします。ここではジンベエザメの尾びれの部分と❷、奥のイトマキエイの胸のあたりを塗りつぶします❸。

ジンベエザメは、直径「130px」、硬さ「25%」ほどで塗りつぶしています。イトマキエイは直径を小さくして「40px」ほどで塗りつぶしましょう。

(3) 2か所をマスクできました。

発光するエフェクトを
追加する

[material] グループの各レイヤーにエフェクトを追加して発光している様子を表します。レイヤースタイルで光彩の効果を適用しましょう。

(1) [material] グループを展開し、前景素材レイヤー「CP10_1_material_2」の右側をダブルクリックします❶。

② ［レイヤースタイル］ダイアログボックスで、［光彩（外側）］をクリックして②、次のように設定します。

描画モード：覆い焼き（リニア）- 加算③
不透明度：40%④
スプレッド：7%⑤
サイズ：100px⑥
範囲：100%⑦

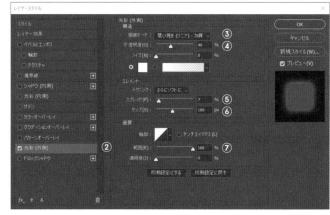

③ 続いて［光彩（内側）］をクリックして⑧、次のように設定します。

不透明度：17%⑨
チョーク：5%⑩
サイズ：100px⑪

設定できたら［OK］ボタンをクリックします⑫。

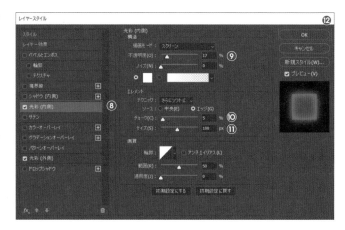

④ 前景のレイヤーがふんわりと発光しました。

手前のイトマキエイに効果が加わったことがわかります。

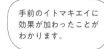

レイヤースタイルをほかのレイヤーにコピーする

前景素材レイヤー「CP10_1_material_2」にかけたレイヤースタイルを、後景素材レイヤー「CP10_1_material_1」にコピーしましょう。

① Alt（ option ）キーを押しながら［fx］を［CP10_1_material_1］レイヤーまでドラッグします❶。

② 後景のレイヤーにもやわからく発光する効果が加わりました。

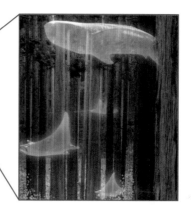

やわらかく光らせることで、幻想的な雰囲気になりますね。

前景をぼかす

ぼかし（ガウス）を使って、前景のイトマキエイをぼかします。前後感を強めることで、より空間を感じさせることができます。

① 前景素材レイヤー「CP10_1_material_2」を選択し ❶、［フィルター］メニューの［ぼかし］→［ぼかし（ガウス）］をクリックします ❷。

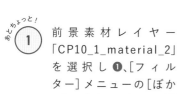

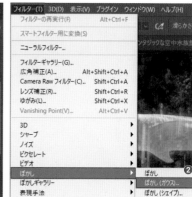

② ［ぼかし（ガウス）］ダイアログボックスが表示されるので、［半径］を「9」pixelにして ❸、［OK］ボタンをクリックします ❹。

できた！ ファンタジックな空中水族館が完成しました。

#複数の写真合成 #オーバーレイ #ピンライト

廃墟と水を合成しよう

動画でも
チェック!

https://dekiru.net/
yps_1002

レイヤーの描画モードの変更やマスクを活用して、自然な合成写真を作ってみましょう。

練習用ファイル
10-2.psd

見上げて撮影したビルの写真とサメの写真を合成して、海底に沈んだ廃墟をサメが泳いで
いるような作品を作っていきます。細かな切り抜きは一切使わず、描画モードの特性を活
かしたスピードテクニックと、あわせて円形グラデーションを使った暗がりの作り方な
ど、演出テクニックも学びましょう。

素材を配置する

背景写真の上に、サメの写真を配置します。

① 練習用ファイル「10-2.psd」を開きます**❶**。
[ファイル]メニューの[埋め込みを配置]から
サメの素材「CP10_2_material.tif」を選択し
ます。廃墟の写真の上にサメの写真が配置され
ました**❷**。

埋め込み配置 ➡ 242ページ

写真:senatsu
撮影協力:海遊館

必要な箇所だけマスクを解除する

素材の写真を一度黒いマスクですべて隠し、必要な箇所だけ白いブラシでマスクを解除します。

① [CP10_2_material] レイヤーを選択し①、Alt（option）キーを押しながら［レイヤーマスクを追加］をクリックします②。マスクが追加されました③。

Alt（option）キーを押しながら［レイヤーマスクを追加］をクリックすると、マスクされた状態（黒く塗りつぶされ完全に隠れた状態）のレイヤーマスクが追加されます。

② 空のあたりだけマスクを解除しましょう。ブラシツール（描画色：白、直径：300px、硬さ：0％）で空のあたりを塗りつぶします④。

レイヤーを複製して描画モードを変更する

レイヤーを複製し、マスクを反転して、写真が合成されていない箇所にも水の色味を足していきます。

① [CP10_2_material] レイヤーを選択し、Ctrl（⌘）＋Jキーを押してレイヤーを複製します①。

② 複製したレイヤーのレイヤーマスクサムネールを選択し②、Ctrl（⌘）＋Iキーを押して階調を反転します③。

③ 描画モードを［オーバーレイ］にします④。

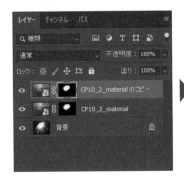

④ 廃墟の部分に水が重なりました。

［オーバーレイ］で重ねたことで、写真の明暗差を保ちつつ、水が合成されました。

⑤ 複製したレイヤー［CP10_2_materialのコピー］をさらに複製して❺、［描画モード］を［ピンライト］に変更し❻、［塗り］を「30%」にします❼。

描画モードをピンライトにして重ねることで、ハイライトの部分にも海の色が広りました。

水の深さを再現する

水は深くなるほど、光が奥まで届かず、視界もあまりクリアではなくなってきます。［背景］レイヤーをレベル補正を使ってコントラストを弱めることで、水の深さを再現します。

① [Alt] キーを押しながら［背景］レイヤーの目のアイコンをクリックして❶、［背景］レイヤー以外を非表示にします。

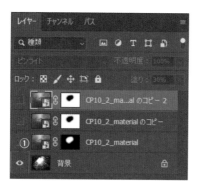

ここがPOINT

1つのレイヤーだけ表示する

複数のレイヤーがある状態で、[Alt]（[option]）キーを押しながら目のアイコンをクリックすると、それ以外のレイヤーが非表示になります。

② ［チャンネル］パネルを表示し、［ブルーのコピー］を作成します❷。
チャンネルの複製 ➡ 108ページ

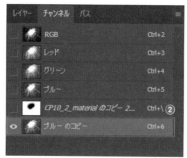

ブルーチャンネル（コピー）だけが表示された状態

③ ［Ctrl］（［⌘］）＋［L］キーを押して［レベル補正］ダイアログボックスを表示し、「120」「0.9」「210」に設定して❸、［OK］ボタンをクリックします❹。

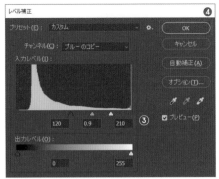
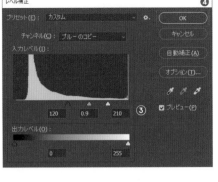

④ ハイライト以外が黒い、チャンネルができました❺。

このチャンネルは、あとでハイライト部分を保護するマスクとして使用します。

⑤ ［レイヤー］パネルですべてのレイヤーを表示し、［背景］レイヤーを選択して、［レベル補正］の調整レイヤーを追加します❻。

前ページの手順②で作った［ブルーのコピー］チャンネルを反転することで水面などの明るい部分をマスクします。その状態でレベル補正を行います。

⑥ ［イメージ］メニュー→［画像操作］をクリックして❼、［画像操作］ダイアログボックスを表示します。［チャンネル］を［ブルーのコピー］にして❽、［階調の反転］にチェックを入れて❾、［OK］ボタンをクリックします❿。

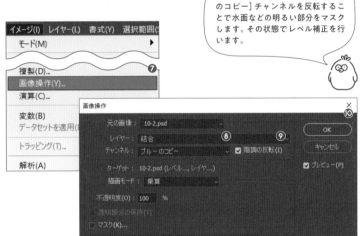

⑦ レベル補正の調整レイヤーにチャンネルパネルで作成したマスクが反映されました⓫。

⑧ レベル補正で中間色を明るくします。ここでは「0」「1.84」「255」に設定します⓬。

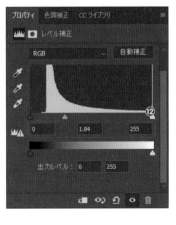

⑨ コントラストが弱まり、遠くまで ハッキリと見えなくなり、水の質 量を感じる印象になりました。

光が届かない部分を 暗くする

水の深さを表現するために写真の四隅 は暗さを残しましょう。レベル補正の調 整レイヤーをグループ化して、円形グラ デーションで四隅をマスクします。

① レベル補正の調整レイヤーを選 択して❶、[Ctrl]([⌘])＋[G]キー を押してグループ化します❷。

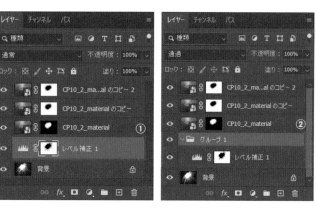

② グループにレイヤーマスクを 追加します❸。[グラデーショ ンツール]をクリックし❹、オ プションバーで[円形グラデー ション]を選択します❺。

白から黒のグラデーショ ン、通常モード、不透明 度が100％になっている か確認しましょう。

③ 右図の矢印のようにドラッグし ます❻。円形のマスクができま した❼。

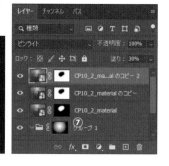

\できた！/ 海底に沈んだ廃墟から見 上げたかのような作品が できました。

LESSON 3

#ファイルをレイヤーとして読み込む #高度な合成

デュオトーンで 写真にインパクトをつけよう

2枚の写真をレイヤースタイルを使って表示するチャンネルを制限することにより、色数を制限したデュオトーンにします。

動画でもチェック！

https://dekiru.net/ yps_1003

練習用ファイル
model_01.png
model_02.png

Before

After

写真：丁　紗奈（@sj_1711）
モデル：William Franklin
（@the_trauma_ocean）

このレッスンでは、2枚の写真を使って赤と青のデュオトーンの写真に加工します。写真のそのときの一瞬を切り取った時間軸を、軌跡として表現できるため、写真の組み合わせや持たせる意図によって、より作品性を高めることができます。

複数の写真を レイヤーとして読み込む

自動処理機能の1つ、レイヤーとして読み込みを使用して、1つのPSDファイル内にレイヤーとして複数の画像を配置します。

① ［ファイル］メニューの［スクリプト］→［ファイルをレイヤーとして読み込み］をクリックします❶。

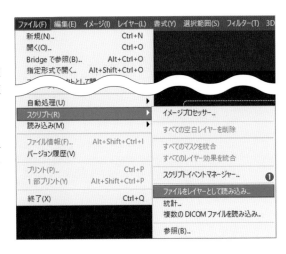

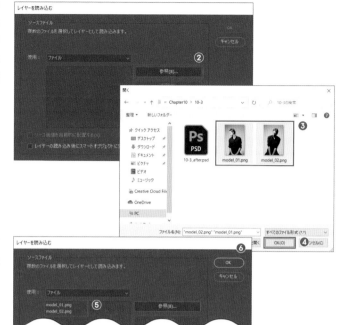

②　[レイヤーを読み込む] ダイアログボックスが表示されるので、[参照] をクリックし❷、練習用ファイル「10-3」フォルダの「model_01」「model_02」を選択し❸、[OK] ボタンをクリックします❹。

③　[レイヤーを読み込む] ダイアログボックスにファイル名が表示されたら❺、[OK] ボタンをクリックします❻。

④　[レイヤー] パネルで、選択したファイルがレイヤーとして読み込まれたことを確認します❼。

> 上から「model_01」「model_02」の順番になっているかも確認しましょう。

背景を白くする

仕上がりのデュオトーンをきれいに見せるため、背景を白くします。被写体の形でレイヤーを切り抜いて、背景に白く塗りつぶしたレイヤーを配置していきましょう。人物のレイヤーは2枚あるので、それぞれ同じ作業を行います。

①　「model_01」のレイヤーを選択し、[選択範囲] メニューから [被写体を選択] をクリックします❶。被写体が選択されます❷。

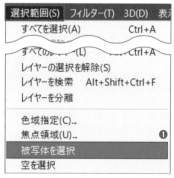

②　[レイヤーマスクを追加] をクリックし❸、マスクを追加します❹。
[model_01.png] レイヤーの被写体以外の部分がマスクされました❺。

③ マスクしたレイヤーの下に
新規レイヤーを作成します
⑥。

④ 背景色を白にして⑦、Ctrl
（⌘）＋Back space（delete）キー
を押して白で塗りつぶします。
背景が白くなりました⑧。

⑤ ［レイヤー］パネルでマス
クしたレイヤーと白いレ
イヤーを選択して⑨、Ctrl
（⌘）＋Eキーを押します。
選択したレイヤーが結合さ
れます⑩。

⑥ 結合したレイヤーを非表示にします⑪。
もう1枚の人物レイヤーを選択し⑫、手順①〜⑤と同様に、白いレイヤーを作っ
て結合します⑬。

合成するチャンネルを選ぶ

レイヤースタイルの［高度な合成］オプションで、RGBチャンネルの表示を1つに絞ります。それにより、レイヤーへの効果が1つのチャンネルだけに適用された状態で下のレイヤーと合成されます。

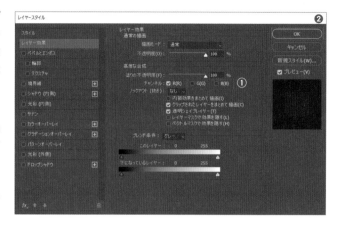

あともうちょっと！

(1) ［model_01.png］レイヤーを表示し、［model_01.png］レイヤーの右の余白をダブルクリックして［レイヤースタイル］ダイアログボックスを表示します。［チャンネル］の［G］［B］のチェックを外して❶、［OK］ボタンをクリックします❷。

できた！ RGBのチャンネル表示を制限して、デュオトーンの作品を作ることができました。

もっと

知りたい！

● 表示するチャンネルを変えてみよう

ほかのチャンネルの組み合わせはどんな風に色が変わるか見てみましょう。そのときの作りたい雰囲気にあわせて、使い分けましょう。

表示するチャンネルを変えるだけで簡単にインパクトのある写真が作れます。ぜひ試してみましょう。

Gのみ表示した場合

Bのみ表示した場合

CHAPTER 10

LESSON 4

#クリッピングマスク #グループにマスクをかける

多重露光風の作品を作ろう

異なる種類の写真を組み合わせて、多重露光を演出します。描画モードの変更やクリッピングマスクを使って、さらに合成テクニックを磨いていきましょう。

動画でもチェック！

https://dekiru.net/
yps_1004

練習用ファイル
10-4.psd

Before

写真：丁　紗奈
(Instagram:@sj_1711)
モデル：William Franklin
(Instagram:@the_trauma_ocean)

After

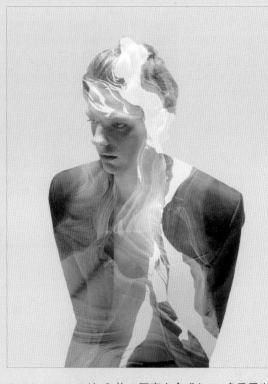

このレッスンでは、2枚の写真を合成して、多重露光写真をデジタルで製作します。より作品性を高めるために、写真を配置する位置、マスクのかけ方、全体の色味などを丁寧に調整していきましょう。

多重露光とは1コマの写真に複数の写真を重ねていく撮影技法です。

 ## 人物の写真を色調補正する

調整レイヤーを追加して人物の写真をモノクロにします。そのうえでレベル補正をして明るく整えましょう。

① 練習用ファイル「10-4.psd」を開きます。[model]レイヤーの上に[白黒]の調整レイヤーを追加します❶。
調整レイヤーの追加 ➡ 56ページ

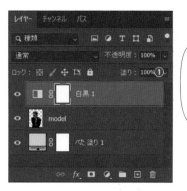

最後のレッスンは少し難易度が高めです。今まで学んできたことを活かして挑戦してみましょう。

257

② Alt（option）キーを押し
ながら［白黒1］レイヤー
と［model］レイヤーの間
をクリックし、クリッピ
ングマスクを作成します
❷。
クリッピングマスク ➡ 114ページ

人物の写真はあらかじめ被写
体で切り抜いて［べた塗り］の
塗りつぶしレイヤーを背景に
してあります。

③ ［白黒］の調整レイヤーの
上に［レベル補正］の調整
レイヤーを追加し、同じ
ようにクリッピングマス
クを作成します❸。
中間色を明るくします。
ここでは「0」「1.40」「255」
にしました❹。

④ クリッピングマスクを作
成したことで［model］レ
イヤーにだけ［白黒］と
［レベル補正］が適用され
ました。

背景は元の色、元の
明るさのままです。

別の写真を合成する

掛け合わせる写真を埋め込みで
配置します。配置した写真を描
画モード［スクリーン］で合成し
て、多重露光のベースを作りま
しょう。

① ［ファイル］メニューの
［埋め込みを配置］から
「material1.jpg」を配置
し、自由変形ツールなど
で右図のような位置とサ
イズにします。
埋め込み配置 ➡ 242ページ

ここでは渓谷の隙間から
のぞく空の部分が男性の
頭頂部から左腕にかかる
ように調整しました。

②　［レイヤー］パネルで描画モードを［スクリーン］にします❶。

素材を人物の形にマスクする

人物の選択範囲を作って、渓谷の写真をマスクします。あとの作業をしやすくするためにグループ化した上でマスクをかけましょう。

①　［material1］レイヤーを選択して❶、Ctrl（⌘）＋Gキーを押してグループ化し、レイヤーマスクを追加します❷。

グループにレイヤーマスクが追加された状態

②　Ctrl（⌘）キーを押しながら［model］レイヤーのレイヤーサムネールをクリックします❸。

③　人物の選択範囲ができました❹。

ここがPOINT

レイヤーまたはマスクサムネールから選択範囲を作成する

Ctrl（⌘）キーを押しながらレイヤーサムネールをクリックすると、クリックしたレイヤーの透明でない部分が選択範囲になります。マスクから選択範囲を作成する場合は、レイヤーマスクサムネールをクリックします。クリックしたレイヤーマスクサムネールのマスクされていない部分が選択範囲になります。

よく使うショートカットなので、ぜひ覚えておきましょう。

④ Ctrl（⌘）＋Shift＋Ｉキーを押して選択範囲を反転します。さらに背景色を黒にして、Ctrl（⌘）＋Back space（delete）キーを押して背景色で塗りつぶします。選択範囲がマスクされ、人物の部分にだけ、渓谷の素材（material）が表示されました❺。Ctrl（⌘）＋Ｄキーを押して選択範囲は解除しておきます。

合成した写真と人物の境界線を馴染ませる

渓谷の写真と人物の写真をより馴染ませるために、部分的にマスクを作成します。

① ［material1］レイヤーに、レイヤーマスクを追加します❶。

② ［ブラシツール］ ✐ を選択して、黒でモデルの両肩や顔のあたりをなぞって❷、マスクします。

ブラシの設定は、［硬さ］、［不透明度］、［流量］を「50％」くらいにするときれいに馴染みます。

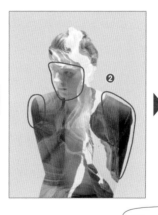

グループにマスクをかけているので、何度やり直してもはみ出すことを気にせずにブラシが使えますね。

全体の色味を統一する

今の状態では、モノクロの人物と、合成した渓谷、そして背景の色味がバラバラで統一感がありません。全体に同じ色を反映して統一しましょう。

① 一番上に［べた塗り］の塗りつぶしレイヤー（カラー：#cea97a）を追加し❶、描画モードを［オーバーレイ］にして［不透明度］を「60％」にします❷。

彩りを加える

合成した部分の色相と彩度を変更して青みがかった色にしたうえで、グラデーションのマスクをかけて元の色が見えるようにします。

① [グループ1] レイヤーの上に [色相・彩度] の調整レイヤーを追加し、[グループ1] レイヤーにクリッピングマスクを作成します❶。[色相] を「-175」、[明度] を「-15」にします❷。

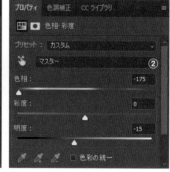

② [グラデーションツール] ■を選択し、[線形グラデーション] に設定したら、 Shift キーを押しながら右図のようにドラッグします❸。
グラデーションのマスクをかけたことで元の色が見えるようになりました❹。

③ [色相・彩度1] の調整レイヤーの上にさらに [色相・彩度] の調整レイヤーを追加し、同様にクリッピングマスクを作成します❺。[色相・彩度2] レイヤーの [彩度] を「+35」にします❻。

＼できた！／ 2枚の写真、それぞれの特徴を活かした、多重露光風の作品ができました。

テキストを入れてポスターのようにしても映えますね。

観察することで、どんな世界も表現できる

廃墟と水を合成するレッスンでは、水面から深さが増すにつれて光の量が変化して、徐々に暗くなる様子を再現しました。レッスンを体験すればわかるとおり、2枚の写真を合成して作り出したシーンであり、実際に海底から水面を見上げて撮影したわけではありません。それでも、本当に海底から見上げたようなリアリティのある表現にできたのではないでしょうか。

この写真はあくまで「表現」であり、現実ではありません。それでも光が届く具合を想像しながらレタッチすることで、リアルさが感じられる作品にできるのです。太陽光がどうやって海底まで届くのか、科学的な知識に基づいてレタッチしたわけではありません。それでも、目から入ってくる情報を「観察」し、その情報を「整理」し、情報をイメージとして「再構築」することで、リアリティのある表現が可能となります。

日ごろから目の前にある物や景色をよく観察しましょう。目に入ってくる情報こそが「先生」であり「答え」なのです。
「海に潜ったとき」「大きな水槽を見たとき」を想像してみてください。視界はクリアでしょうか？ 地上に降り注ぐ光と違って、深くなればなるほど光は届かなくなります。では、光が届かない状態では視界に何が起こるのでしょうか？ 暗くなればなるほど物体の輪郭があやふやになり、わからなくなります。強い光が当たるとコントラストが強くなるように、光が弱まればコントラストが弱くなります。日ごろの観察から、要点を整理し、的確にイメージをしましょう。

廃墟と水を合成するレッスンでは、「水は光をそこまで通さないから、暗い。暗いため、コントラストも弱まる」という日ごろの観察から得られた情報を作品に反映しました。ほかにも光の屈折や水中カメラのレンズの特性など、知っている知識があればそれらを盛り込むことで、よりリアリティの増した作品になります。

サイバーパンクやアニメ風といった現実から逸脱した表現をする場合も同じです。非現実的な世界であっても、日常の観察から得た情報を取り入れることで、説得力のある世界観を表現できるようになります。

ステップアップに役立つ知識

プラグインの紹介やショートカット一覧など
知っておくとさらに効率がアップする知識をまとめました。

Luminarプラグインを活用しよう

ここではPhotoshopの機能を拡張するプラグインを紹介します。プラグインを使うとどんなことができるか知っておきましょう。

Luminar AI

販売元：Skylum
(skylum.com/jp/)

Before

After

写真：Emma Anna Claire Suga

Luminar AIはAIによる自動補正に特化しており、すばやく意図通りの効果を得るのに最適なプラグインです。空の色を瞬時に変えたり、簡単にポートレートの印象を変えたりできます。

知りたい！

● プラグインとは？

プラグインとは、外部のソフトウェアなどを組み込んで機能を拡張することです。またその目的で作られたツールのこともプラグインといいます。もともと音楽制作の現場で機材同士をプラグでつないで音を変化させるところから、機能を拡張することをプラグインと呼ぶようになったといわれています。

■ AIスカイリプレースメントの使用例

Before

写真：Evgeny Tchebotarev（Twitter：@tchebotarev.eth）

After

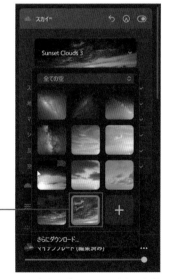

AIスカイリプレースメントという機能では、テンプレートから空を選ぶと自動的に合成して全体がなじむように補正までしてくれる

■ AIスキンエンハンサーの使用例

Before

写真：渋谷美鈴（Instagram：@sby_msz）

After

Photoshopで肌のキメを整えたい場合、補正したい場所を自分で指定する必要がある。それに対してLuminarのAIスキンエンハンサーという機能では自動的に肌の荒れなどを検出して、自然に補正してくれる

プラグインを使う

プラグインは、Photoshopの［プラグイン］メニューから追加する方法と、プラグインをPCにインストールして使う方法があります。ここではLuminar AIを例にPCにインストールして使う方法を紹介します。

① Luminar AIのインストーラーを起動し、［プラグインとして…インストールします。］のPhotoshopの項目にチェックが入っていることを確認して❶、インストールします。

② ［フィルター］メニューに［Luminar AI］が追加されました❷。

ショートカットキー一覧

Photoshopの操作効率がアップするショートカットキーを紹介します。

 ## ショートカットキーの使い方

ショートカットキーは、PCのキーボードを使って行う操作です。キーを押すことでさまざまな機能を切り替えられます。操作によっては、キーを押しながらマウスを使うものや、押している間だけ機能する操作もあります。

※Windowsの表記になっています。Macの場合は、[Ctrl]は[⌘]、[Alt]は[option]に置き換えてください。このルールに当てはまらないものは()で示してあります。
※並び順は、メニュー項目の順番＋オススメ順になっています。

●基本操作のショートカットキー

目的	キー操作
新規ファイルを作成する	[Ctrl] + [N]
ファイルを開く	[Ctrl] + [O]
上書き保存する	[Ctrl] + [S]
別名で保存する	[Ctrl] + [Shift] + [S]
コピーを保存する	[Ctrl] + [Alt] + [S]
印刷する	[Ctrl] + [P]
終了する	[Ctrl] + [Q]

●編集の基本ショートカットキー

目的	キー操作
操作の取り消し	[Ctrl] + [Z]
取り消した操作のやりなおし	[Ctrl] + [Shift] + [Z]
カット	[Ctrl] + [X]
コピー	[Ctrl] + [C]
ペースト	[Ctrl] + [V]
自由変形	[Ctrl] + [T]
描画色と背景色を切り替える	[X]
描画色と背景色を初期設定に戻す	[D]
クイックマスクモードに切り替える	[Q]

●イメージ操作のショートカットキー

目的	キー操作
[画像解像度] ダイアログボックスを開く	[Ctrl] + [Alt] + [I]
[カンバスサイズ] ダイアログボックスを開く	[Ctrl] + [Alt] + [C]
自動トーン補正	[Ctrl] + [Shift] + [L]
自動コントラスト	[Ctrl] + [Shift] + [Alt] + [L]
自動カラー補正	[Ctrl] + [Shift] + [B]

●レイヤー操作のショートカットキー

目的	キー操作
新規レイヤーを作成する	[Ctrl] + [Shift] + [N]
レイヤーをグループ化する	[Ctrl] + [G]
すべてのレイヤーを選択する	[Ctrl] + [Alt] + [A]
表示レイヤーを結合する	[Ctrl] + [Shift] + [E]
選択レイヤーの下に新規レイヤーを挿入する	[Ctrl] + [新規レイヤーを作成] ボタンをクリック
一番上のレイヤーを選択する	[Alt] + [.]
一番下のレイヤーを選択する	[Alt] + [,]
1つ上／下のレイヤーを選択する	[Alt] + [[ ] / [ ]]
選択中のレイヤーを1つ上／下に移動する	[Ctrl] + [[ ] / [ ]]
レイヤーを一番上／下に移動する	[Ctrl] + [Shift] + [[ ] / [ ]]
ほかのレイヤーを非表示にする	[Alt] + 目のアイコンをクリック

選択したレイヤーを結合する	Ctrl + E
レイヤースタイルを隠す	Alt + レイヤー効果名をダブルクリック
レイヤーマスクを無効／有効にする	Shift + レイヤーマスクサムネールをクリック
クリッピングマスクを作成／解除する	Ctrl + Alt + G
クリッピングマスクを作成する	Alt + レイヤーの分割線をクリック
全体／選択範囲を隠すレイヤーマスクを作成する	Alt + [レイヤーマスクを追加] ボタンをクリック

●選択範囲のショートカットキー

目的	キー操作
すべてを選択する	Ctrl + A
選択を解除する	Ctrl + D
再度選択する	Ctrl + Shift + D
選択範囲を追加	Shift + ドラッグ
選択範囲から除外	Alt + ドラッグ
選択範囲を反転する	Ctrl + Shift + I
選択範囲を新規レイヤーに複製	Ctrl + J
正円や正方形の選択範囲を作成する	Shift + ドラッグ
選択範囲を中心から作成する	Alt + ドラッグ

●画像の表示に関するショートカットキー

目的	キー操作
カンバスを移動する	Space + ドラッグ
100％で表示する	Ctrl + 1
画面サイズに合わせる	Ctrl + 0
一時的にズームツールに切り替える	Ctrl + space
一時的にズームツール（縮小）に切り替える	Alt + space（option + ⌘ + space）
マウスポインターの位置で拡大縮小する	Alt + マウスホイールの回転
定規を表示する	Ctrl + R

●ツールの切り替えのショートカットキー

目的	キー操作
移動ツール	V
選択ツール	M
オブジェクト選択ツール（クイック選択ツール／自動選択ツール）	W
切り抜きツール	C
スポイトツール	I
ブラシツール	B
コピースタンプツール	S
消しゴムツール	E
グラデーションツール（塗りつぶしツール）	G
覆い焼きツール（焼き込みツール）	O
ペンツール	P
横書き文字ツール（縦書き文字ツール）	T
パスコンポーネント選択ツール（パス選択ツール）	A
長方形ツール（楕円形ツール）	U
手のひらツール	H
ズームツール	Z （+ Alt で縮小）
選択ツールを移動ツールに切り替える	Ctrl

索引

■著者

senatsu（せなつ）

グラフィックデザイナー／レタッチャー

広告制作プロダクションにて多数の企業の広告制作に携わり、2019年「senatsu」名義で活動を開始。以来SNSを中心にデザインを発信。毎年発表している箔押し年賀状シリーズは、のべ1200万人を超えるユーザーの目に届いた。創作活動の傍ら、Photoshop講座をnoteやYouTube「Photoshopレタッピー講座」で配信。レタッチを深く追求するため撮る側だけでなく撮られる側としても活動した経験を元に、機能ありきの使い方にとどまらず、ユーザーに向き合った実践的なレタッチを提案している。

Instagram：@senatsu_graphics

Twitter：@senatsu_prv

note：https://note.com/_senatsu/

写真：MIYASHITA NAOKI

■STAFF

カバー・本文デザイン	木村由紀（MdN Design）
カバーイラスト	fancomi
DTP制作	町田有美
制作担当デスク	柏倉真理子
デザイン制作室	高橋結花
	鈴木　薫
編集協力	日下部理佳（時間株式会社）
	明間慧子
編集	浦上諒子
副編集長	田淵　豪
編集長	藤井貴志

■商品に関する問い合わせ先

このたびは弊社商品をご購入いただきありがとうございます。本書の内容などに関するお問い
合わせは、下記のURLまたは二次元バーコードにある問い合わせフォームからお送りください。

https://book.impress.co.jp/info/

上記フォームがご利用いただけない場合のメールでの問い合わせ先
info@impress.co.jp

※お問い合わせの際は、書名、ISBN、お名前、お電話番号、メールアドレス に加えて、「該当する
ページ」と「具体的なご質問内容」「お使いの動作環境」を必ずご明記ください。なお、本書の範囲
を超えるご質問にはお答えできないのでご了承ください。

● 電話やFAXでのご質問には対応しておりません。また、封書でのお問い合わせは回答までに日数をいた
だく場合があります。あらかじめご了承ください。
● インプレスブックスの本書情報ページ https://book.impress.co.jp/books/1120101127 では、本書
のサポート情報や正誤表・訂正情報などを提供しています。あわせてご確認ください。
● 本書の奥付に記載されている初版発行日から3年が経過した場合、もしくは本書で紹介している製品や
サービスについて提供会社によるサポートが終了した場合はご質問にお答えできない場合があります。

■落丁・乱丁本などの問い合わせ先
FAX　03-6837-5023
service@impress.co.jp
※古書店で購入された商品はお取り替えできません。

Photoshop よくばり入門 CC対応（できるよくばり入門）

2021年10月21日　初版発行
2024年3月11日　第1版第5刷発行

著　者　senatsu

発行人　小川 亨

編集人　高橋隆志

発行所　株式会社インプレス
　　　　〒101-0051　東京都千代田区神田神保町一丁目105番地
　　　　ホームページ　https://book.impress.co.jp/

印刷所　シナノ書籍印刷株式会社
ISBN978-4-295-01242-9 C3055

Printed in Japan